心有理想的方向，活成想要的模样

程鹏◎编著

中国纺织出版社

内 容 提 要

每个人都想在人生漫长的道路上活出自己想要的样子，然而，拥有理想的人生并不是那么简单容易的事情。人生从来不会一蹴而就取得成功，也没有天上掉馅饼的好事情，只有坚持不懈努力前行，点点滴滴积累，才能活成自己想要的模样。

现代社会中，有些年轻人因为心中失去理想的方向而常常会感到迷惘和困惑，也常常会觉得人生无奈。本书从心理学知识出发，帮助年轻人有的放矢地树立梦想，确定人生方向，从而在未来活出理想的人生。

图书在版编目（CIP）数据

心有理想的方向，活成想要的模样／程鹏编著. —北京：中国纺织出版社有限公司，2019.11（2023.10重印）
ISBN 978-7-5180-6231-7

Ⅰ.①心… Ⅱ.①程… Ⅲ.①成功心理—通俗读物 Ⅳ.①B848.4-49

中国版本图书馆CIP数据核字（2019）第098558号

责任编辑：李 杨　　特约编辑：王佳新
责任校对：寇晨晨　　责任印制：储志伟

中国纺织出版社有限公司出版发行
地址：北京市朝阳区百子湾东里A407号楼　邮政编码：100124
销售电话：010—67004422　传真：010—87155801
http://www.c-textilep.com
中国纺织出版社天猫旗舰店
官方微博 http://weibo.com/2119887771
新乡市龙泉印务有限公司印刷　各地新华书店经销
2019年11月第1版　2023年10月第3次印刷
开本：880×1230　1/32　印张：6.5
字数：128千字　定价：68.00元

前言

从小，我们就被教育要确立梦想，也因此而始终生活在梦想的照射之下，被梦想的光环晃眼，也因此而失去了理性客观的认知，觉得自己只要非常努力，就总是能够实现梦想。其实，梦想不是那么容易就能实现的，更多的时候，我们固然在朝着梦想努力奋进，却无法在梦想指引下真正到达人生的彼岸。还记得小时候老师为我们布置的作文题目《我的梦想》吗？还记得你曾经在这样的一篇作文里写下过什么内容吗？你只有不断地努力前进，持续地进取，才能有的放矢地面对人生，才能全力以赴活出精彩的人生。

“梦想”这个词语始终伴随着我们的人生，也会对我们的人生产生或大或小，或深或浅的影响。为了实现梦想，我们总是在人生的道路上努力拼搏、奋力进取，却常常会在付出之后感到无奈，不知道自己为何从未得到过收获。其实，树立梦想很难，坚持梦想更难。也有一些人会把梦想埋藏在心底，就像是拥有一块和氏璧那样绝不肯轻易示人。不得不说，当有了梦想之后，将其宣告于世，让更多的人都知道我们的梦想，这也是非常重要的。

梦想是人生的明灯，是人心底里的希望，也是黑暗夜幕上的启明灯，始终指引着我们在人生中前行的方向和道路。越是艰难的时刻，我们越是要牢记梦想，这样才能说服自己努力向前，绝不放弃。对于人生，人人都有很多的选择，也有自己的理想和志向，关于人生的未来，不是说绝对璀璨和充满华彩就是好的，而是要适合我们，有助于我们的成长，有助于我们走向成熟。每个人的人生都会遇到不如意甚至磨难，如果一味地在人生中沉沦，或者对人生采取自暴自弃的态度，并不能让我们收获更多。只有始终坚持，只有绝不放弃，我们才能熬过人生中暂时的黑暗，活成自己想要的样子。

梦想总还是要有的，万一实现了呢？梦想的道路一旦选定，即使跪着也要走完。唯有坚定不移地相信自己，并对实现梦想怀有信心，我们才能在人生的道路上不忘初心，砥砺前行！

编著者

2019年4月

第 1 章

如何活成自己想要的模样

越来越多的人意识到，活出世俗的成功并非真正的成功，真正的成功是活成自己想要的模样。为此，我们常常会在生命历程中感到迷惘，甚至有些人对于自己想要怎样的人生根本没有任何设想。不得不说，一个人如果不知道自己想活成什么样子，就已经注定了失败。一个人唯有知道自己想要活成什么样子，才能一步一步地距离成功越来越近。

坚持的梦想，就是你人生未来的模样

无数年轻人都知道梦想的重要性，然而，当真正说起梦想时，他们又总是瞠目结舌，这才发现自己一直误以为自己是有梦想的，而实际上早已经在与梦想渐行渐远的过程中迷失了自己。甚至有些人压根儿就没有梦想，他们所谓的梦想只是随口说说而已，他们所谓的人生理想，只是镜中花、水中月。这样苍白的梦想，如何能够支撑起我们辽阔的人生呢？所以，从此刻开始，没有梦想的要赶快确立梦想，有了梦想的要赶快强大梦想。只有先拥有了梦想，我们才能知道未来的人生将会是怎样的。

似乎早晨踩着8点59分来上班的急迫感还没有消退，时间就悄然流逝，开完晨会到了10点，而简单处理一个文件，就已经过了11点。猛然一抬头，我们不由得感慨：怎么又到了吃午饭的时间！似乎一旦过了11点，心就不那么安静了，始终在想着要吃午饭，要度过一个悠闲的中午，如果能够在午饭后吃点儿水果，或者来一杯浓醇的咖啡那就更好。等到午间1点半到2点再开始认真去工作，接下来就要等到1点半的到来。大多数公司都是5点半下班，这是一个让人愉悦的时刻。日子就这样日复一日地度过，我们从未离梦想更近一步，反而越来越远了。在这样的过程中，我们的内心平静似水，终于有一天想起梦想的时候，又惶恐不安：我们到底怎么了？生活到底怎么了？为何一切都如同一潭死水一般，波澜不惊呢？

有的时候，见到别人的成功，我们也会忍不住羡慕：为何别人都能获得梦寐以求的成功，都能活出独属于自己的精彩呢？我们羡慕别人，也带着嫉妒和恨；却不知道，羡慕嫉妒恨不是连体婴儿，也是可以分开来独立地用来形容心情的。既然如此，我们就只要羡慕，而不要嫉妒和恨，更要清醒认识到别人在真正获得成功之前，也曾经付出了很多不为我们所知的努力和坚持。别人之所以能成为人人羡慕和嫉妒的对象，获得无数人理想的人生状态，是因为他们老早就有梦想了。

一个人，为何会与自己理想的生活渐行渐远？归根结底不是理想太远大，而是因为他从未认真想过自己的梦想、理想到底是什么，因为他在面对人生的状态时常常会感到迷惘和困惑。曾几何时，我们都是热血青年，心中都闪耀着梦想的光泽，都渴望着用梦想成就人生，照亮人生。然而，渐渐地，那个一提起梦想就感到面红耳赤、心跳加速的少年长大了。面对残酷的现实和不那么如意的人生，他只能一声叹息，再也不愿意随随便便就把梦想挂在嘴边、记在心间。所以说，不是梦想抛弃了我们，而是我们抛弃了梦想。为此，不要再抱怨梦想远大，实现起来遥遥无期，如果我们不曾真正向着梦想迈出第一步，我们还有什么资格谈梦想呢？

每个人的梦想，都带着鲜明时代的烙印。热映的电影《芳华》中，刘峰的梦想，何小萍的梦想，都是那么真实生动且鲜活。时光流转，物是人非，电影中的人物，他们曾经的梦想被蒙上灰尘，沉淀在心里，而被时代裹挟着不断朝前走的他们，来到了崭新时代。在电影末尾，何小萍和刘峰相遇，相比起那些紧跟时代潮流的战友，他们身上曾经青春年少的气质更加浓烈，扑面而来。这样的梦想，是经得起时间考验的，他们都活成了自己想要的样子。以这样的方式去实现梦想，如果不是内心笃定，又有几个人能够做到呢？

在如今这个时代里，人们都活得没有那么纯粹和笃定了。社会发展的速度很快，堪称日新月异，瞬息万变，为此人的心也变得越来越浮躁。大多数人没有梦想，只想追求成功，因为只有成功才能吸引万众瞩目，也只有成功才能让人生绽放出别样的光彩。然而，浑浑噩噩地活着，盲目地为了功名利禄奔波，真的好吗？没有梦想的人生，就像是浮萍，尽管从未离开过水面，却没有根深深扎在泥土里。如果我们对生活无意，就不要抱怨生活从来不如意，只有意志坚定，生活才能如我们所愿地绽放。

你只需努力，时光会给你答卷

谁的人生会是一帆风顺、轻轻松松、毫不费力的呢？当然没有。面对人生，每个人都要非常辛苦和努力，都要拼尽全力，才能战胜生活中接踵而至的困境和意外打击，才能让自己以更加坚强的姿态屹立在生活中，成就生活的美好。然而，也有很多朋友会担心：如果我非常努力，却没有得到生活的回报，这可怎么办呢？当然，这种情况是完全有可能发生的。这是因为付出才有可能得到回报，如果不付出，就绝不会得到任何回报。为此，我们还是要努力，这样才有获得更大收获的可能性，也才能竭尽所能地改变人生。

有人说，时间是最好的良药，可以治愈人们心底许多的痛苦。实际上，时间的强大作用不止于此，时间还是一个最善于解答问题的人。当我们在生活中有很多的困惑和心结无法解开的时候，就可以将其交给时间。只要我们在时间的流淌中保持笃定，内心坚定，最终时间会为我们答疑解惑。为此，我们只需努力，然后静待时光开花即可。

罗德里格斯从墨西哥移民来到美国，生活在社会最底层，从事着最苦最劳累的工作。但是，他对音乐有着异乎寻常的喜爱。为此，他一边出卖苦力，一边去酒吧驻唱，甚至被一家唱片公司看中。然而，他的音乐并不能得到大众的喜爱，在出版了两张唱片都没有回响之后，他的第三张专辑还没有出版，唱片公司就辞退了他。为何他的音乐有很高的水准，却不能得到大众的喜爱呢？备受打击的罗德里格斯沉默了，从这个世界上彻底消失，再无音信。然而，造化弄人，他的音乐机缘巧合地传到了南非。这个时期，南非人民正在针对种族隔离进行抗争，他们一听到罗德里格斯的音乐，马上就爱上了它。他们以这个音乐作为自己的支撑，努力抗争，绝不屈服。他们甚至揣测这个歌手的生平履历，臆想出很多关于他的奇闻异事。可想而知，南非人民是多么喜欢和热爱罗德里格斯。后来，还有人说罗德里格斯已经去世了。但是，南非人民没有放弃对罗德里格斯的寻找。

最终，南非人民找到了罗德里格斯，并且把他请到南非去演唱。在消失的时间里，罗德里格斯一直在进行苦力劳动，养活自己的一家老小。与此同时，他也尽可能地去看演唱会，过好自己的人生。所以在看到他的时刻，南非人甚至怀疑他不是他们梦想着见到的那个伟大歌唱家。然而，他一开口，音乐便触动了所有南非人的心。他们一瞬间接受了他，为他而疯狂。他非常淡然，感谢道："谢谢你们，让我和我的音乐一起活了过来。"这是一个人的重生，也是梦想的重生。

这个事例讲述了《寻找小糖人》中的男主角罗德里格斯追求梦想、坚持梦想的故事。实际上，人人都有梦想，却只有少数人能够坚持梦想，而大多数人在残酷的现实中，在不断追求梦想的过程中，渐渐地迷失了本心，距离梦想越来越远。

当你真正喜欢一件东西时，你就会不求回报地付出，就像父母对于孩子的爱，从来也没有奢望得到回报一样。若我们坚持去做想做的事情，若我们从未背弃过梦想去努力，也许我们会长久地沉寂，也许我们会一夜成名，但是这都没关系，因为我们之所以去做，不是为了此刻的荣耀，而是为了真正实现梦想。莫言获得了诺贝尔文学奖，这不是偶然，而是因为莫言在几十年的时间里都在笔耕不辍地坚持写作；屠呦呦获得了诺贝尔医学奖，不是因为她有多么想获奖，而是因为她始终都在坚持本心，从事自己热爱的医药学研究事业。我们有理由相信，莫言就算没有获得诺贝尔文学奖，屠呦呦就算没有获得诺贝尔医学奖，他们也依然会不忘初心，在坚持梦想的道路上越走越远。

在实现梦想的道路上，也有很多人会发生偏移。他们一开始的确是瞄准梦想的目的地前行，但是随着整个行程的不断推进，他们距离梦想的道路越来越偏移，而自己却毫不自知。要想坚持走正确的梦想道路，就要随时注意矫正自己。当然，有的时候如果梦想过于远大或者实现起来很艰难，我们就要随时矫正自己，保证道路的正确，这样才能避免失之毫厘、谬以千里，也才能避免南辕北辙、事与愿违。追求梦想的道路上，千万不要急功近利。很多人因为过于急迫地想要实现梦想，都走了弯路。有些人怀着淡然之心面对梦想，笃定地做自己该做的事情，反而守得云开见月明。

你想成为怎样的人，你就能成为怎样的人

现实生活中，人人都希望自己的身边能够围绕一群人，这样一来就可以有朋友遍天下的豪情，也可以在需要帮助的时候得道多助。尤其是在现代社会，人际关系被提升到前所未有的高度，很多人都意识到人脉资源是否丰富也许会影响到自身未来的成长和发展。也有一些人说结识贵人对于人生的发展是很重要的，为此他们想方设法地去结识贵人。殊不知，有心栽花花不开，无心插柳柳成荫。要想在人生中发展自己、成就自己，我们就要牢牢记住一句话：你若盛开，清风自来。

人生之中，没有无缘无故的成功，每个人都是独立的生命个体，每个人对于人生都有自己的规划。有些人误以为命运是无法掌控的，其实，每个人的命运都掌握在自己的手中。我们想要成为怎样的人，只要我们在目标的指引下努力去做，坚持提升和完善自己，我们就会成为怎样的人。在《风雨哈佛路》中，有着一对瘾君子父母、饱尝生活艰辛的丽思最终不但考上了哈佛大学，而且成为了大名鼎鼎的演讲家。在一次演讲过程

中，丽思告诉台下的听众："你不会这样一直糟糕地生存下去。假如你很害怕生活中的一些东西，不要害怕，而是要弄清楚那是什么。你要相信我，你一定有方法战胜你的恐惧，打破生活的困境。"的确，丽思说出这句话是非常有说服力，也是很有力量的，因为丽思成长的过程就是不断奋斗的过程，就是全力以赴超越生活困境的过程。和丽思一样，克里斯也是一个家境很糟糕的孩子。但是，最终的结果是丽思获得了成功，克里斯则生活得很不堪，这是因为克里斯对待命运的态度从来都是逆来顺受，在老师问克里斯将来有什么梦想和计划的时候，克里斯甚至无奈地说自己未来只能捡垃圾为生，或者去当一个妓女。那么，丽思是如何做到的呢？丽思和克里斯最大的区别在于，丽思知道自己的人生状况不好，也知道自己必须努力进取改变这种状况。最终，丽思在与命运的博弈中获胜了，也成功地改变了命运。

现实生活中，我们大多数人不会像丽思一样有着凄惨的身世，不过，对于人生，我们同样有着无限的渴望和憧憬。而且在人生的历程中，我们常常会面临各种困境，也常常会感到无路可走。实际上，天无绝人之路，一个人只要内心怀有希望，始终不愿向生活屈服，那么他就一定会打破生活的坚冰。很多人都曾经看过破冰船工作。当海面上结冰的时候，船只无法前行，这时就会有一艘非常坚固的船赶来，给被困顿住的船只破冰。这样一来，原本坚硬的冰面就会被打破，被困住的船只也就可以朝前走去。人生何尝不需要破冰船呢？只不过这艘破冰船不是来自外界，而是来自我们的内心。当我们的心足够强大，当我们面对困厄的时候不是抱怨，而是积极乐观坚强地面对，我们就会成为丽思，而不会像克里斯那样沦落。当然，这样勇敢无畏的状态并非轻而易举就能获得，更多的时候，普通平凡如我们，内心会有胆怯的时刻，也会在面临困境的时候举棋不定、止步不前。

尤其是年轻人，对人生的未来更是充满了憧憬和希望。既然如此，就不要总是在人生道路上退缩和畏惧，而要对未来充满希望，也对人生充满力量。我们也许梦想自己能考上名牌大学，同时又因为不够自信而惴惴不安，却不知道在这种情况下最重要的是拼尽全力去复习，争取提高成绩；我们也许想出国镀金，却没有足够的财力支撑，既然如此，为何不让自己进入一家好的企业，从而得到公费出国考察的机会呢？不要觉得自己是最可怜的，自怜从来不是人生的武器，而是人生的黑洞。当我们消除自怜的思想，当我们激发出自己的所有力量、拼尽全力拼搏进取，当我们在一次次被拒绝和否定之后继续坚持去尝试时，人生就会有不一样的未来。

梦想与现实之间，从来不是两点之间直线最短，而常常会弯弯绕绕，甚至会有很多的坎坷泥泞与风雨飘摇。我们要成为高尔基笔下的海燕，在暴风雨来临的时候勇敢地飞翔，也要成为高尔基笔下坚强的母亲，无论面对多么艰难的生活，都呵护梦想如同呵护孩子。命运也许的确会偏袒一些人，但是它绝不会偏袒那些示弱者，而是会偏袒那些对生活坚强乐观的人。既然哭着也是一天，笑着也是一天，既然很多磨难不能逃避，我们为何不鼓足精神，勇敢地面对人生呢？当我们笑着面对生活时，生活也会回报给我们以微笑；当我们哭着面对生活时，生活只会回馈给我们眼泪。真正坚强的人，面对生活流血流汗不流泪，所以，他们才能让生活以最绚烂的姿势绽放。

被嘲笑的梦想，才是真的梦想

很多人误以为是现实支撑着梦想，为此在面对残酷的现实时，他们总是一次次放弃梦想，因为他们觉得自己很贫穷，根本没有那么多奢侈品作为梦想的支撑。而等到有朝一日，他们无数次错过梦想，生命也因此变得苍白，又亲眼见证了别人坚持梦想获得成功的伟大时刻，他们才意识到原来是梦想支撑着现实——那些成功人士之所以拥有了不起的人生，是因为他们始终都有梦想，始终都坚持梦想，绝不放弃。

张曼玉从小就喜欢唱歌，不管有事没事都喜欢哼着歌，但是，她的音质很特别，不是大家都喜欢的主流声音。每当和朋友们一起去唱歌的时候，朋友们从来不会为她点赞，甚至连一点点鼓励都吝啬给她，还说她的声音冷冰冰的，缺乏温暖。渐渐地，张曼玉越来越不敢唱歌，因为歌声既然都不能得到朋友的喜爱或者是捧场，又怎么可能被陌生人接受呢？后来，张曼玉阴差阳错进入演艺圈，也常常被人批评长得不够漂亮，但是她幸运地出演了《甜蜜蜜》，和黎明一起红得一塌糊涂。就这样，张曼玉成为大明星，但她仍没有完成唱歌的梦想。

直到有一天，张曼玉找到摩登天空的老板，把自己平日里写下的、唱出来的旋律录制成的作品播放给老板听，终于打动老板和她签约。这个时候已经大红大紫的张曼玉，为了唱好一首歌，在北京和香港之间飞来飞去，从来不搞特殊，从来是乐队练习多久，她就练习多久。张曼玉是处女座的，追求完美，内心执着，就这样度过了几个月的时间。然而，即便如此，张曼玉的歌声还是被喜欢她的影迷喝了倒彩。张曼玉没有畏惧歌迷们的批判，继续登台演唱。张曼玉就以这样的方式实现了自己的梦想，不在乎别人是否喜欢她的歌，只想有机会做自己想做的事情。这何尝不是一种成功呢？

张曼玉坚持梦想的勇气让人钦佩。虽然她最终也没有在歌坛上大红大紫，但是她总算是朝着梦想一步一步迈进，越来越接近梦想。如今的时代里，很多人不敢有梦想，总觉得梦想就是无法实现的代名词。然而，马云告诉我们，梦想总还是要有的，万一实现了呢！的确，梦想既然有失败的机会，也就有成功的可能性，而且概率是各占50%，成功和失败谁也没有多一点机会，谁也没有少一点机会。我们既然畏惧50%的可能失败，就理所当然应该受到50%成功机会的激励。如此想来，也就没有什么可怕的了。

马云当年创办翻译社，创办中国黄页，创办阿里巴巴，梦想一个比一个远大，一个比一个更加不接地气。如果说最初创办翻译社还能得到一些支持，在创办中国黄页的时候也没有让所有人都觉得完全不可能，那么在创办阿里巴巴的时候，当时的互联网产业在世界上都处于尖端，在中国根本鲜少有人了解，马云是付出了巨大的勇气和坚持的毅力，才能够把事情真正做成的。正因为如此，马云也告诉我们，被嘲笑的梦想才有资格被称为梦想。所以朋友们，当你的梦想不被人了解和支持的时候，不要悲观，不要沮丧，只要你已经深思熟虑，也知道自己的梦想是一定可以实现的，你就可以坚定不移地去做。和什么都不做、有了梦想就马上将其转化为空想相比，你即使失败了，也能收获经验，获得成长，这才是最重要的。

毋庸置疑，实现梦想的道路从来不好走，但是马云也告诉我们，梦想的道路一旦选定，即使跪着也要走完。古代战场上，五十步笑百步是行不通的，在现代社会中，在朝着梦想奋进的道路上，我们也要避免犯这样的错误。很多时候，梦想就在转角处，当我们已经非常努力却还没有看到梦想的影子时，只要我们坚持再朝着梦想走一步，就可以真正地实现梦想，完成梦想。换一个角度来看，实现梦想也并非我们所想象的那么艰难。只要我们总是朝着梦想前进，能够勇敢地迈出通往梦想的第一步，事情的发展也许就会让我们惊喜，也超出我们的预期。人生，从来不是漫无目的的，梦想就是人生的指明灯，常常指引着我们前进的方向。所以不要害怕梦想被嘲笑，也许有一天恰恰是这被嘲笑的梦想成就了你的人生！

坚定而又深情地爱一切吧

对于如今不如意的人生和压力山大的生活，想要真正去爱，似乎并不太容易。尤其是在年轻人的群体里，有太多的人对于生活感到不满意，对于自己的现状想要逃离，而对于自己所拥有的一切总觉得太少，对于自己渴望得到却又没有完全得到的一切，又觉得遥不可及。总而言之，生活尽是不满意，常常让他们感到无奈和焦虑，甚至感到深深的压抑和恐惧。这样的人无法真正地爱自己，常常会对自己产生厌恶感，更不可能做到坚定而又深情地爱一切。

脑海中突然回荡起一首歌的歌词，“几度风雨几度春秋，风霜雨雪搏激流，历经苦难痴心不改，少年壮志不言愁……”用这首歌来形容人生，再合适不过。在生命的历程中，从未有任何人是一帆风顺的，总能从生活那里得到笑脸。大多数人面对生命，总是感到非常无奈，尤其是在饱受命运折磨的时候，那些原本就胆小怯懦的人，更是恨不得彻底躲藏起来。然而，一切的坎坷挫折与磨难都会随着生命河流的流淌而来，只要河流在继续流淌，一切就都无法避免。

我们无法逃避生活赐予我们的一切，不管是苦涩的还是甜蜜的，不管是惊吓还是惊喜，也不管是我们想要的还是不想要的。所有的事情都会在生命之中蜂拥而至，甚至因为速度太快，挤压着来，常常让我们猝不及防，无法应对。然而，只要活着，甜蜜要幸福地享受，痛苦也要坚强地承受。除非生命终止，我们总要接受所有的一切，无怨无悔。

很多人对于人生有太多的抱怨，总觉得自己不如意，受到很多磨难。实际上，这个世界上从来不止一个人受苦，在我们为自己的艰难而抱怨的同时，世界上还有很多人都在受苦，他们的苦甚至比我们更大。怎么办呢？记得有一部电视剧的名字就叫《苦咖啡》。在这部电视剧里，很多角色的人生都充满苦涩，从来不顺利，而总是有各种坎坷与挫折。但是，他们从未放弃在生活中努力，就这样一小口一小口地品尝着人生的苦咖啡。

西西是一个非常苦命的女孩，虽然她是父母的第一个孩子，是家里的长女，但是全家人都重男轻女，尤其是奶奶和爸爸，在她出生时看到她是个女孩的时候，恨不得当即就把她送人。因为爸爸妈妈都是职工，在计划生育的年代里，他们只能有一个孩子，西西的到来，意味着他们没有机会生儿子了。因为在月子里就受到奶奶和爸爸的挤兑，妈妈也很厌恶西西，觉得都是西西的到来才让她被嫌弃。

就这样，西西从小就被嫌弃，从未见到过家里人的好脸色。没过几年，妈妈偷偷摸摸又生了弟弟，全家人都喜欢弟弟，而不喜欢西西。后来，爸爸妈妈出去打工，西西和弟弟就交给爷爷奶奶带着，奶奶经常打骂西西，有好吃的东西全都留给弟弟一个人吃。西西一刻都不想留在家里。爷爷奶奶去世后，爸爸妈妈把弟弟带在身边，西西就开始了寄人篱下的生活，先是在外公外婆家里寄宿，后来在姨妈家里暂住，后来又到姑姑家里暂住。幸运的是，西西对于学习很认真刻苦，爸爸妈妈尽管总说要让西西去打工，但是看到西西成绩这么好，也就不忍心。在读初中、高中的时候，西西几年都见不到爸爸妈妈一次，爸爸妈妈直接把钱打给姑妈，让姑妈给她交学费。幸运的是，西西的姑姑比较好心，也很支持西西上学。高三那年，西西学习的压力特别大，又得不到父母的关爱和照顾，为此闹情绪离家出走，是姑姑把她找回来的。后来，西西高考完就去外地打工，杳无音信，也是姑姑一边四处找西西，一边帮助西西填报了志愿。后来，姑姑拿着大学录取通知书送给在外地打工的西西，西西这才在姑姑的劝说下决定读完大学。

这个时候，爸爸妈妈已经不愿意给西西出昂贵的学费，为此姑姑为西西东拼西凑了第一年的学费，此后西西一边打工一边申请助学贷款。大学期间，其他同学都吃喝玩乐着学习，唯独西西非常努力勤奋，从来不敢有丝毫懈怠。大学毕业后，西西找到了一份很不错的工作，陆陆续续还完了上大学的欠款。但是，西西心中始终不愿意原谅父母，逢年过节，她或者去看望姑姑，或者就留在单位宿舍。有一次，姑姑对西西说：“西西，父母好歹给了你一条生命，不要总是活在仇恨里，这样你自己也很不快乐。原谅他们，就像对普通的亲戚一样，你的心里才能过去这个坎。”西西在姑姑的劝说下，这才意识到自己已经长大了。这么多年来，不管在多少个亲戚家里待过，挨过多少白眼，她真的已经长大了。西西心中释然，在原谅父母的那一刻，她心里的疙瘩也解开了，浑身轻松。从此之后，她对身边的一切再也不会盲目地恨。

人们常说，父母总是爱孩子的，而且对于孩子会无怨无悔、毫无保留地付出；然而，也不排除有些父母在爱孩子的同时也会带给孩子深深的伤害。也因为父母是孩子最亲近、信赖的人，所以父母对于孩子的伤害往往会给孩子的一生都带来阴影。有些孩子就这样沉浸在父母的阴影之中，影响了自己的成长，导致自己成年之后的生活也受到很大的影响。不得不说，这样的人生是非常沉重的。孩子要选择原谅父母，这不是为了让父母轻松，而是为了让自己卸下心灵的重担。

在这个世界上，一切情绪情感的发生，都要建立在生命的基础之上，如果没有生命存在，就会万事皆空。父母给了孩子生命，不要再去伤害孩子；孩子从父母那里得到生命，也要感恩父母。人与人之间是有缘分的，孩子与父母之间的缘分有深有浅，要学会从容地面对。我们只有放下怨恨，才能够内心坦然地面对自己，爱自己，悦纳自己，也悦纳一切。

生活是很神奇的，人人都在经历生活，但是每个人的人生经历都是不可照搬和套用的。这是因为每个人都是世界上特立独行的生命个体，每个人因为自身的各个方面不同，他们对于人生的理解感悟和应对方法也是完全不同的。为此，每个人的生活都呈现出不同的面貌和姿态，每个人在人生之中也都在沿用独属于自己的模式。面对生活，我们必须学会协调各种矛盾，学会克服重重困难，学会站得更高、看得更远，这样才能够有人生的大格局，才能放下心中的怨恨，从容豁达地面对生活，原谅一切，并宽容友善地接纳和包容自己，以宽阔的胸怀容纳整个世界。

第 2 章

你的生活方式决定了你生命的样子

生活方式比生活本身更重要，不同的方式决定了人们拥有不同的人生。现实生活中不同的人，或者贫穷，或者富有，或者迟钝，或者敏锐，或者坚强，或者脆弱，或者富有魅力，或者精神贫瘠，他们形形色色、各不相同，却很少有人能够获得简单纯粹的快乐。这是因为几乎每一个生命个体都活在社会生活中，都是社会的一员，为此他们总是不得不屈服于现实，渐渐远离了自己的理想，忘却了初心。人生，最大的成功不是活成别人期盼的样子，而是要不忘初心，方得始终。

生活方式比生活本身更重要

在每个人的生活中，都充斥着各种各样的情形，这是因为不但每个人是这个世界上特立独行的个体，每个人的生命也都是不可复制、与众不同的。生活熙熙攘攘，整个时代都在以前所未有的姿态带着人向前飞奔，我们如果觉得疲惫和劳累，或者感到应接不暇，为何不停下来，认真思考生活到底应该怎样度过呢？不可否认的是，生活需要仪式感，当我们因为忙碌而忽略了对于生活的经营，渐渐地，我们的生活就会变得了无趣味。很多人都喜欢喝咖啡，也都喜欢在咖啡里加入牛奶和糖，这可以改变咖啡原本苦涩的味道，让咖啡的滋味变得更加香醇。不得不说，生活也是需要调味料的，如果没有任何调味料，而任由生活变成一杯苦咖啡，则心甘情愿品味生活的人会很少。

在影片《蒂凡尼的早餐》里，奥黛丽·赫本饰演的霍莉就是一个很讲究生活方式的人，为此尽管她的生活并不富裕，但是她很善于把生活过得有滋有味。她没有真的珠宝首饰，就戴着假的珠宝首饰，还会身穿精致的黑色小礼服。她丝毫不觉得自己是贫穷的，也不觉得自己的生活很粗糙，而是慢慢地品尝着热咖啡，吃着最普通寻常的面包，对着橱窗欣赏着街景。看着她吃早餐的态度，你很难不相信她正在品味满满一桌子的美味佳肴。这样的仪式感，给霍莉的生活带来满满的诗意，也让她的内心始终对于生活充满希望，充满美妙的幻想。

现实生活中，有太多的人正是缺乏这样的诗意。也许是因为生活太忙碌，也许是因为生活太贫瘠，我们就这样忙忙碌碌，甚至没有时间静下心来看一看初升的太阳。每天，我们都日出而作、日落而息，甚至都不知道路边有哪些花开了。尤其是在大城市里生活的年轻人，每天早晨都像是在冲锋打仗，常常吃着路边摊上随便买的千篇一律的早餐，急急忙忙奔赴公交、地铁。即便如此，我们还是需要对生活充满仪式感，否则如此的忙碌又是为了什么呢？也许很多朋友会感到无奈：这样的日子紧张忙碌，甚至连喘息的时间都没有，怎么会有诗意存身的地方呢？其实，偶尔的浪漫惊喜，正是给生活注入新鲜活力的好机会。例如，在爱人生日的时候，给她送上一份精心准备的生日礼物，暂时离开烟火气息的生活，去高档西餐厅吃顿饭；在结婚纪念日的时候，也许平日里生活拮据，此时不如去酒店里的蜜月房间度过浪漫的一天；对于孩子，也许很久都不愿意花费更多的钱给孩子买礼物，毕竟捉襟见肘的生活经不起浪费，但是可以为孩子准备一份他心仪已久的礼物，这样给孩子一份欢呼雀跃的欣喜，将会使他长大成人之后也牢牢记得……总而言之，不是生活剥夺了我们的仪式感，而是我们的心对于生活渐渐变得麻木，乃至无法在生活之中更加全力以赴地经营好人生。

要想获得生活的仪式感，最重要的是面对生活的心，而不是生活的本质如何。有些人虽然过得贫穷，却有着精美的床品四件套，把家里打扫得干干净净，把床品铺垫得赏心悦目。有些人，尽管有着自己的房子，经济也不拮据，却从来只知道收拾自己的脸，而不知道收拾家里。不得不说，这样的家和生活是没有仪式感的，也不会对人产生强烈的吸引力。从现在开始，改变态度面对生活吧。当生活既有内容和实质，也有不可或缺的方式与仪式时，你一定会对生活有崭新的认识，生活也会回馈给你从未有过的惊喜与怦然心动。

在一个著名的社区论坛上，一个女性朋友因为丈夫在结婚十年的纪念日那天没有给她送任何礼物，甚至完全把纪念日忘记了，而对丈夫大发雷霆，怒气冲冲，争吵不休。实际上，女性朋友要摆脱一个误区，那就是生活的方式不是由男性给自己的，而应该是由自己主动去参与和创造的。要成为生活的参与者和创造者，而不要成为被动接受和享受生活的人。同样的生活，当女性更加热情地拥抱和投入生活，为了追求幸福而让自己更加全力以赴，就会更加体验到生活的真谛，也会敏感认识到庄严面对自己和生活是多么重要。

现实生活中，所有女性最看重的仪式感主要体现在婚礼上。每一个女性都把婚礼当成今生今世最重要的事情去面对，也因此很多女性对于婚礼都从不放过任何一个细节。有些人觉得仪式感没有那么重要，可是当在婚礼上你精心且亲手布置的很多环节都一一被完美实现，当在众人瞩目下你的手被父亲交给新郎的时候，你会觉得一切的付出和操劳都是值得的。也因此，有人说男人对于轻易追到手的女性不会珍惜，这不是真理，却有一定的道理，这都是缺少仪式感导致的。当然，现实生活不是每时每刻都需要像婚礼那么郑重其事，所谓的仪式感说白了就是对待生活中那些看起来好像枯燥乏味的事情也怀着严肃认真的态度。也许在大张旗鼓地去做一件事情之前你还怀疑这件事情是否值得这样兴师动众，但是在真正享受仪式感的过程中，你对于这件事情就会有更加深刻的认知和理解，就会把自己也感动了。

很多时候，我们都可以把内容看得重于形式，但是任何时候，我们都不能轻视形式。在有内容的基础上，把形式做到最好，发挥到极致，这才是最重要的，也是最关键的。有一天，当你老了，你有更多生命中华美绽放的瞬间去回忆和品味，这不是很好吗？这些瞬间或者有着隆重的形式，或者有着打动人心的一瞬间，或者有着平日生活中所不及的深刻与触动心灵，它们会让你即使在摇椅上想起，也嘴角带笑，内心温暖。

报喜不报忧真的好吗

如今，有很多年轻人都离开家乡，在外面打拼，也因为离家远，担心家里人对自己太过牵挂和惦念，所以他们选择了对父母报喜不报忧。俗话说，儿行千里母担忧，母行千里儿不愁。即使孩子告诉父母的都是好消息，父母对孩子的顾念也不会减少分毫。有的时候，与其报喜不报忧，不如把自己真实的生存状态告诉父母，这样至少省却了父母和家人对我们生活的揣测和担忧。

有一天，小雨乘坐地铁赶去公司。因为早晨下雨，公交车延误，所以她换乘到地铁上时已经有些迟了。小雨背着一个大包，里面有雨伞，有今天的早饭，还有手帕纸、手机、充电器等零杂用品。小雨眼看着时间，意识到自己马上就要迟到了，为此想找到手机给领导打电话请假。但是，早晨出门匆忙，她只是把手机塞到包里就匆匆忙忙跑出家门，因而现在根本找不到手机在哪里。小雨着急地在背包里翻找着，脸上写满了焦急。翻了半天，还是没找到，她不得不高抬起一条腿，用膝盖当桌子，然后把包放到膝盖上找。

这个时候，有个中年男人对小雨喊道：“姑娘，来这里坐吧。”小雨看到那个中年男人笑眯眯的，不由得产生警惕心理：“这个人想干吗？无事献殷勤，非奸即盗，我看起来根本不像孕妇吧！”小雨很迟疑，回头看看，发现身边都是男性，为此确定中年男人就是在和自己说话。看到小雨没动，中年男人索性满脸笑意地走到小雨身边，说：“可以去那边坐。”小雨很尴尬，说：“呃，呃，我到牡丹园站就下车了。”中年男人也说：“这么巧，我也到牡丹园站下车。”牡丹园站就是下一站，其实小雨是为了拒绝中年男人才故意这么说的。但是，现在话已经说出口，而且对方也到牡丹园站下车，小雨不由得暗暗恨自己：假装下车出站，多花钱不说，还要耽误更多的时间。接下来，中年男人和小雨攀谈起来：“你是一个人在北京吗？”小雨点点头，对于中年男人的搭讪有些排斥，中年男人继续说：“我女儿也是一个人在英国。看着你，我就想到她，是不是这样赶地铁去上课上班，是不是也因为没有座位，想从书包里找点东西都找不到。”小雨这才明白中年男人为何要给她让座，心中对于中年男人的戒备完全消除。眼看着牡丹园就要到了，她不好意思地对中年男人说：“其实，我不是到牡丹园站下车。”中年男人笑起来，说：“其实，我也不是去牡丹园站下车，我只是想多问问你一个人在外打拼的情况。”小雨笑起来，说：“辛苦是必然的，但是我从来不和家里人说不好的事情，都说好的事情。”中年男人看着小雨的眼神里多了几分慈爱，说：“我女儿也是这样，每次打电话总是说什么都好，但是我知道，她一定不是什么都好，一定很辛苦忙碌，也会受到委屈，有很多烦恼。我每次坐地铁，看着你们这么辛苦奔波，我就会想象我的女儿在过着怎样的生活。”小雨的眼眶红了：可怜天下父母心，有的时候，儿女越是说一切都好，父母反而越是担心。

事例中，小雨也许一开始并不知道父母的心，直到在地铁上遇到这样一个看着别人家的孩子在幻想自家孩子生活的父亲，才真正领悟到父母对于孩子的牵挂，并不会因为孩子报喜不报忧就有所缓解。反而，因为孩子总是说一切都好，所以父母反而对孩子更多了一些担心。

天底下的父母都一样，即使孩子远在天涯，他们在会在生活的蛛丝马迹中尽量想象和感受孩子的生活，在以孩子不知道的方式去为孩子分担忧愁。孩子自以为自己隐瞒得很好，可让父母放心，却不知道父母的心未曾有一刻是真正放下的。孩子正在经历的忧愁，父母在为孩子分担；孩子没有在经历的忧愁，父母也在为孩子分担。距离无法阻隔父母对孩子的爱，即使孩子一厢情愿地想用单向的交流减少父母的担忧，父母也从来不会错过孩子的喜怒哀乐和一丝一毫的情绪。与其用隐瞒的方式让父母在揣测中忧愁，孩子不如对父母坦白自己的喜怒哀乐，也让父母感受到孩子真正的生活，这样父母反而会更加觉得自己融入了孩子的生活，了解了孩子的生活，这样的参与感，会让父母的心里更加踏实。

生活尽管忙碌，不要忘记心中欢喜

在现实生活中，很多人都会感到内心忧愁和焦虑，这是因为在现代社会生存压力特别大，职场竞争也非常激烈，每个人要想为自己赢得一席之地，要想在社会上立足，就一定要特别努力地拼搏进取。不得不说，生活常常会推动人不停地往前走，尤其是在大城市里生存，很多年轻人每日忙忙碌碌，甚至连停留下来喘息的时间都没有。然而，人生不仅需要忙碌，也需要心中的欢喜和满足。如果忘记了心中的欢喜，只是在生活中一味地忙碌，又如何给生活保鲜，如何让自己始终对于生活充满热情、不忘初心呢？

很多初入职场的年轻人都分不清楚生存与生活之间的关系，为此他们一旦进入职场就像一个高速旋转的陀螺一样根本停不下来，当然，对于年轻人而言，这样的拼搏努力和进取也是应该的，可以为将来的成长和发展奠定基础。但是，我们也要认清一点，就是不要为了工作而工作。工作是为了更好地生活，工作也是为了实现自身的价值，提升人生的质量。但是，工作本身并不是目的，而是一种手段和方式。尤其是不要为了工作而本末倒置，导致对于生活过度忽略。只有清楚生存与生活的关系，在生活中把工作摆放在正确的位置，才能有的放矢地工作，不忘初心地生活。

自从大学毕业、步入职场后，阿呆就把加班当成了常态。从最初进入公司的时候排斥和抵触加班，到现在习惯了每天加班，阿呆适应得很快。当初，他对加班牢骚满腹，却被学长们奉劝：“如果不想加班，那就换工作啊，但是换了工作之后不加班的概率也是很小的，况且还要承担辞掉工作之后一时找不到工作的风险。”思来想去，看到已经换了好几份工作的学长们用亲身经历总结出来的血泪教训，阿呆只好选择妥协。

每天晚上都加班到七八点钟，如果哪一天只加班半个小时，或者能够太阳从西边出来一般地准时下班，阿呆就会感到很不适应。有一次，阿呆准时下班，和学长们一起去酒吧喝酒，感慨地说：“现在准时下班真奢侈，我都觉得走得太早有些对不起老板。”学长们深知阿呆的感受，拍拍阿呆的肩头，对阿呆说：“是啊，是啊，难得提前下班，就好好玩乐，谁知道下一次加班又将延续到什么时候呢！”阿呆读大学期间很喜欢看书、画画，也喜欢唱歌、旅游，但是随着工作的时间越来越长，他把这些兴趣爱好都抛之脑后了，也觉得生活越来越乏味无趣。在这样过了一年多之后，阿呆突然萌生出辞职的想法，因为他再也不想这么浑浑噩噩地活着、继续迷惘下去。

不知道从几时起，对于在大城市打拼的年轻人而言，加班已然成为一种常态，也成为一种负担。当一个人对于加班的状态习惯到不加班就觉得对不起谁一样，不得不说，这样的工作状态距离身心俱疲也就不远了。当然，对于如今的职场而言，拼搏也是理所当然的，毕竟有的时候公司业务繁忙，或者临时有紧急任务需要完成，为此偶尔需要加班加点也是正常的。但是，如果长期加班，不但公司的可持续发展堪忧，个人的可持续发展也让人担忧。任何公司，都不会以长期消耗员工的精神和体力为代价，在工作上涸泽而渔。最可怕的是，还有很多人都已经习惯了加班的状态，也完全把工作当成生活的唯一目的，完全失去了自己对于人生的欢喜之心。

不得不说，年轻人初入职场的时候，对于工作的确是怀着热情的。这就像是初恋的感觉，为此对于对方的缺点和不足都不放在心里。然而，随着时间的流逝，审美总会产生疲惫，热情也会渐渐消退，为此如果没有新的动力产生，就难以为继。当对工作产生与面对鸡肋一样的疲惫和无力感时，如何还能始终坚持动力充足地面对工作呢？在心理学上，把人对某件事情的动力区分为两种：一种是内部驱动力；另一种是外部驱动力。不管做什么事情，都要有内部驱动力，才能更加持久，外部驱动力的作用是非常短暂和渺小的。而内部驱动力，恰恰来自我们对于生命的热爱，对于人生的执着追求。

在忙碌工作之余，不如做一些自己喜欢的事情，例如去郊外走一走让自己变得轻松，或者在一个温暖的午后变得慵懒一些，和好朋友一起喝茶聊天，抑或独自静坐，享受一杯咖啡、一本喜欢的书，这些都是人生的美好与休憩。生活原本就很紧张忙碌，要学会适度放松，不要把自己逼得太紧。人生就像是弹簧，要想始终保持弹性，既要有绷紧的时刻，也要有放松的时刻，如此才能张弛有度，才能有更好的成长与发展。只有满心欢喜的人生，才是我们所期待和憧憬的，才是我们所向往和享受的。

生活着，要让自己高兴

生活的目的是什么呢？有太多的人都在为别人而活，为了家人而负重前行，为了得到别人的认可与尊重而改变自己，为了让自己万众瞩目而不遗余力地拼搏进取，为了让自己获得更多的金钱名利等身外之物而不舍得用一分钟休息……这样的人生即使真的获得了世人眼中的成功，又有什么意义呢？归根结底，如果没有活成自己想要的样子，就不能算是真正的成功。

每个人都是这个世界上特立独行的生命个体，每个人对于人生都有自己的理解和憧憬，也有自己的渴望和期冀。为此，每个人对于成功的理解不同，对于人生的规划也不同。而不管拥有怎样的人生，一定要让自己感到高兴才好。如果自己不高兴，人生即使获得再大的成功，收获再多，也都没有幸福与快乐可言。遗憾的是，现实生活中，很多人都会感到迷惘和困惑，也因为盲目从众，或者人生道路的偏移，越来越迷失了本心，失去了自我。所谓不忘初心，方得始终，正是告诉我们每个人都要牢记自己对于生命最初的梦想和幻想，才能越来越接近自己的人生目的地，获得自己渴望拥有的人生。

在娱乐节目中《中国好声音》，灵魂诗人李健带领着他的学员旦增尼玛一路走到最后，获得了冠军。实际上，有很多人对于李健都不是很熟悉。李健毕业于清华大学，当年是水木年华的成员之一。他对于音乐执着且热爱，不但会作词作曲，自己也很喜欢演唱。很多朋友都会发现，李健在节目中始终笃定淡然地坐在那里，气质与众不同，气场非常强大。但是，他的气场又是非常内敛的，不是那么张狂。这是因为李健始终醉心于音乐创作，并不像有些歌星或者音乐人那样活跃在台前。对于学员的指导，李健也始终笃定，而从不急功近利。这正应了一句话，有心栽花花不成，无心插柳柳成荫。对于冠军，众多参赛选手可谓梦寐以求，而最终却是淡然沉静的李健带着同样内心淡泊的旦增尼玛赢得桂冠。旦增尼玛唱歌的时候也是非常淡定，难怪会选择李健作为导师，这是因为他们原本就是同一种类型的人。

一个人若能固守自己的内心，那么，在这个喧嚣的时代里，他不会为了取悦别人而活着，也不会为了这个时代的嘈杂和忙乱而迷失自己；相反，他会笃定守护自己的梦想和志向，也会全力以赴做好自己该做的事情。他们不会一蹴而就获得成功，而是在脚踏实地、点点滴滴的积累之中，让自己由量变引起质变，最终取得华丽的蜕变。需要注意的是，人生从来没有回程路可走，生命总是宝贵的，如果把自己的人生活成别人期待的样子，无疑是在浪费生命。更多的时候，我们要忠于自己的内心，活出自己的绚烂多彩。

一个人内心深处通往快乐的途径如果被堵塞，就会导致自己越来越远离快乐，也根本不可能最大限度打开心灵的束缚，真正敞开怀抱去拥抱和接纳生活。世界越大，人的心就越小，为了让生活中的各种烦恼被缩小，为了让人生有更多的快乐可以期许，我们最重要的是调整好心态，是全力以赴做好自己、活得开心。如今，不开心的人越来越多，不是因为得到的太少，也不是因为生命对于人生的历练太过残酷，而是因为人们迷失了自己的心。每个人只有全力以赴做好自己，才能真正淡定从容地面对人生。需要注意的是，生命从来不会重来，每个人都要珍惜生命宝贵的光阴，释放自己，让自己淡定从容，面对一切，接纳且悦纳自己。如果你觉得人生有太多的渴望，那么，不要因此而停止对于人生的追求，而应该拼尽全力去奔跑和追求，并在感到疲惫的时候学会放松，停下来休息。试问，一个人如果不能让自己开心和高兴，如何能够搞定这个纷繁复杂的世界呢？生活着，我们就要让自己高兴，也要最大限度治愈自己，让人生绽放出独特的光彩。

不要因为物质的贫穷而让自己精神贫瘠

在第二次世界大战之后，曾经有一个战后专家组专门深入德国进行调查。整个德国满目疮痍，让看到的人都忍不住心生绝望。但是，在深入几户人家进行采访之后，专家组的一个专家对德国人竖起了大拇指，说："德国人一定会迅速崛起。"其他成员对此话表示不解，问："经历这样的惨败，还能迅速崛起吗？"专家对其他成员说："你们看看，在我们走过的这几家人里，有两家人的桌子上都摆着从野外采摘来的鲜花。他们的精神如此强大，他们的内心如此充实，有什么理由不能迅速崛起呢？"大家听到这句话，全都陷入沉思之中。的确，面对战后满目疮痍的国家，德国人需要有着多么强大的精神和意志力，才能够在看似使人绝望的困境中，依然对生活包含热爱，依然让自己的精神强大富有呢？

现实生活中，很多年轻人才初尝生活的艰难，或者遇到小小的障碍和挫折，就会马上陷入颓废沮丧的情绪之中无法自拔。也有一些年轻人觉得自己缺乏经济基础，一无所有，为此在生活中总是十分胆怯，对自己也就情不自禁地小瞧了。实际上，即使没有雄厚的经济基础，即使物质上非常贫穷，也不要让自己成为精神的乞丐。古人云，巧妇难为无米之炊，实际上只要巧妇认真去做，也可以粗粮细作，用简单的食材做出美味的菜肴。最重要的是，要始终对于生活满怀热爱，也要始终对于人生更加用心。世界上的事情最怕认真二字，只要不断地激发自身的力量，全力以赴做好自己该做的事情，就总能把很多事情做得更好，也可以让自己在努力付出之后获得更多收获。做人，即使物质上贫穷，也要做精神上的富有者。反之，即使物质上很富有，如果精神上很贫瘠，也是无法把人生活得精彩的。

小王是一个很苦命的孩子，因为他是家里的第三个儿子，所以他从小就被爸爸妈妈放在爷爷奶奶家里长大，而爸爸妈妈则带着他的大哥、二哥去外地讨生活，很少回家。一开始，爸爸妈妈还会给爷爷奶奶寄钱作为小王的生活费，后来他们索性彻底放弃这个儿子。一年到头，小王都见不到父母，爷爷奶奶都是农民，只好把其他子女孝敬他们的钱用来养育小王。小王很争气，从小他就知道自己和其他孩子不一样，为此很自卑，也很发愤图强。后来，小王高中毕业后考上职业学校。他没有因此而停下上进的脚步，先是自学了专科，后来又自学了本科。毕业后，小王进入一所学校当老师，但是学校里的关系很复杂，像他这样没有背景的孩子很难有出头之日。为此，小王勤奋苦学，开始准备公务员考试。

经过三次尝试，小王终于考上了一所监狱的狱警职位。他的人生掀开了新的篇章，小小的成功也让他的精神变得更加强大。他没有始终牢记贫穷的童年生活，而是在具备条件之后孝敬爷爷奶奶，也总是会努力经营生活、享受生活。

小王是物质上很贫穷的孩子，但是他的精神始终强大。他对于未来的人生充满了无限的渴望和希望，也始终都能够全力以赴地把学习学好，把工作做好，把生活经营好。正是因为有了这样不服输的态度，小王才能如愿以偿地获得自己想要的生活，也心安理得地享受自己已经拥有的生活。记住，人生中没有什么事情是不可能实现的，只要我们心中有强大的力量，是精神上的巨人，我们最终就能够战胜厄运，也能够成为命运的主宰，到达人生的巅峰。

遗憾的是，现实生活中，有很多人都在抱怨工作太辛苦，得到的工资回报却太少，抱怨房租太高，却又从来不攒钱去付首付买房子。命运对于每个人都是公平的，在生命的历程中，我们必须学会忘记各种坎坷和磨难，才能让自己的内心充满积极的正能量，才能让自己真正成为一个成熟且富有的人。真正的富有与贫穷，不在于你的口袋是否饱满，而在于你的内心是否充实丰满。贫穷的人，也许因为一无所有而举步维艰，也有可能因为一无所有而破釜沉舟、勇往直前。俗话说，光脚的不怕穿鞋的，若我们精神强大，贫穷反而可以让我们无所畏惧、勇往直前。也有一些年轻人，在面对爱情的时候，因为贫穷而怯懦和退缩。殊不知，那些明智理性的有钱人，为了寻找到真正的爱情，会故意撒谎说自己没有钱，这是因为他们知道爱情向来和金钱与物质无关。如果一个人连面对贫穷的勇气都没有，又怎么可能无所畏惧地面对残酷的现实，真正超越现实生活中诸多的困难和挑战呢？记住，面对贫穷，与其抱怨，不如用积极乐观、永不屈服的心态支撑起人生的脊梁，把抱怨的时间都用来努力奋斗。一个人只要努力肯干，不会永远穷下去，最重要的是先把里子充实起来，才能有资本、有底气去面对一贫如洗的现状。此外，当感到贫穷的生活枯燥无味的时候，不如激发自己对于生活的乐趣和兴趣，用小确幸来安抚自己苍白的内心，用小小的成就来激励自己继续在人生的道路上无畏前行，这样人生才会绽放光彩，才会变得更加绚烂和美好！

不将就的人生才能绚烂到底

当被生活逼得无奈时，举步维艰、无能为力的我们不知不觉间就会忘记伟大的梦想，也会忘记曾经对于自己的承诺。这个时候，我们作出的很多选择不再是出乎本心，而是因为被现实逼迫得无奈，而是因为将就。由此一来，我们人生的质量也直线下降。有人说，若一个人对生活妥协，告诉自己很多事情都可以将就下去，就是对人生的不负责任，就是放逐自己的心灵在无涯的荒野里。

对于人生，每个人都有自己的理想和规划，都有自己决不能妥协的底线。当底线太高，人生未免举步维艰，因为理想总是丰满的，现实总是骨感的，如果对于人生底线太高，我们常常会在不知不觉中为自己设置出一道道无法跨越的障碍。但是，底线太低呢？底线太低，就会成为无极限，只可惜无极限的不是能力，而是做人的准则。凡事皆有度，过度犹不及，只有设立适度的底线，我们才能在理想与现实之间穿行，才能在梦想与真实之间游离。最重要的是，我们一定要非常努力辛苦、不辞劳苦地走好人生的道路，这样才能得到生命最丰厚的馈赠。

现实生活中，许多人都习惯了众生百态。从一开始的少年轻狂，到渐渐成长，认识到人生的各种无奈，我们最终应该呈现出来的状态，必然是不能妥协和将就的。当然，并没有一个词语可以呈现出我们的人生应该有的样子，每个人都是人生的创造者，也是人生的写手，为此我们一定要更加全力以赴，这样才能有的放矢地面对人生，才能全力以赴地拼搏人生。当然，在社会生活中，每个人都习惯了自己扮演的角色，如教师总是循循善诱，医生总是表情严肃，律师总是口若悬河，爱人就该温存体贴，等等。对于这些角色先入为主的判定，让我们在不知不觉中呈现出该有的样子，渐渐地，我们连自己本来应该是什么样子的，都彻底忘记了。

有人说人生是由一个个错误组成的，而归根结底，人生是由一个个选择组成的。因为不管是正确还是错误，其实都是选择的后果。因此，在面临选择的时候，我们固然要从谏如流，虚心听取他人的意见和建议，也要坚持自己的内心，坚持自己的想法和做法，这样才能在作出选择的时候不忘初心。对于这个世界，我们尽可以握手言和，却坚决不能言听计从，否则，我们就不再是我们，未来也不再是属于我们的人生。

对于爱情，已经过了35周岁生日的林丹显然没有了最初的幻想，甚至对于父母和七大姑八大姨的催逼结婚，她也不再像以前那样总是排斥和抗拒。偶尔，她甚至会想：这些人说得对，我的确到了该结婚的年纪。然而，从20多岁就开始挑挑拣拣的林丹，始终没有遇到让自己怦然心动、满心欢喜的人。越往下等下去，希望似乎越渺茫。为此林丹想道："我是否应该尝试着接受世俗的爱情呢？"这么想着，林丹开始接受亲戚朋友给她安排的相亲，终于，在相亲二三十次之后，林丹看到了一个不那么讨厌的人。之所以说不那么讨厌，是因为对方在林丹心目中没有可圈可点之处：身高175厘米，40岁，和林丹一样是剩下来的，工作不好也不坏，工资不高也不低，没有什么兴趣爱好，好歹有套房子，可以给林丹一个安稳的家。就这样，才恋爱半年，林丹就在大家的催促中匆忙接受了男人的求婚，步入婚姻的殿堂。

结婚不久林丹就发现，她的将就错了。对方之所以到40岁还没有结婚，完全是因为恐惧婚姻，太过自私，即使到了40岁，也是典型的“妈宝男”，凡事都听妈妈的话。这与林丹挑挑拣拣把自己剩下来完全不同。其实，林丹早该想到，一个人这么大年纪不结婚，一定是有原因的。结婚一年多，林丹实在无法忍受男人成熟的面孔下隐藏着的幼稚的心，决定离婚。离婚之后，林丹心中既有些失落，却也感到前所未有的轻松。如今作为一个已经离婚的女人，再也没有人催促她，她终于可以安然享受自己的独身生活。时间又过去3年，已经40岁的林丹终于遇到了让自己怦然心动的人，对方虽然离过婚，带着孩子，满面沧桑，却是林丹眼中全世界最帅最富有魅力的男人。

现代社会，有很多大龄“剩男”“剩女”，出于一直以来的传统思想，“剩男”还好，“剩女”就显得有些尴尬，因为大家总觉得男人多大都能找到小很多的女友，而女人似乎一旦过了最好的青春年华，人生就再无希望。其实不然。每个人对于自己的人生都应该有尺度、有底线，也应该有坚持。尤其是在面对爱情和婚姻的时候，更不要总是随意妥协。成功需要坚持，遇到理想中的爱情何尝不需要坚持等待呢？尤其是在已经经历了漫长的等待之后，对于爱情的一切憧憬与期待似乎都已经成型，这个时候的妥协显得那么力不从心，也显得那么疲惫沧桑。与其将就，不如主动去寻找，全力去搜寻。在人生的道路上，只有不断前行，无所畏惧，人生才会有更美好的未来值得期待。

世界上从未有两片完全相同的叶子，也从未有两个完全相同的人。尽管全世界有这么多人，但每个人都是与众不同的存在，都是独立的生命个体，都是需要绽放的人生。有的人不喜欢喝牛奶，有的人不喜欢吃鸡肉，有的人偏偏最爱喝牛奶，有的人偏偏最爱吃鸡肉。由此可见，很多我们以为必不可少的东西在别人那里并不是必需品，很多别人觉得必不可少的东西也常常被我们排斥和抗拒。不要管别人的事情，做最好的自己，这样的我们才能内心笃定，从容安然，才能做到绝不将就。

第3章

想得太多，会让你的人生止步不前

现实生活中，很多人都是晚上想想千条路，早晨醒来走老路。为何这么多人都有好点子、好创意，却从来不愿意付诸实践呢？问题的症结有二：一是他们给了人生太多的选择，所以反而因为选择恐惧而止步不前；二是因为他们想得太多，从未雨绸缪陷入杞人忧天的泥沼，无法挣脱出来。对于人生中的很多抉择，我们固然要面面俱到、把很多问题想得全面，却也要摆脱过度的忧思，在想好之后就当机立断展开行动去做。也许那些曾经在想象中困扰你的问题，在进入人生中的顺遂境遇之后，就会随着事情的不断推进和你自身能力的提高得以迎刃而解呢？重要的是，动起来！

不要被幻想阻碍了行动

夜晚来临，看着窗外的黑暗，隔着窗子感受到外面气温骤降带来的寒冷，你置身于温暖的室内，恍若置身于春天，刺眼的灯光就像阳光一样温柔地抚触你，给予你强烈的信号。此时，你是否会感到内心的热血在燃烧，似乎转瞬之间就对原本陷入僵局的人生有了很多的美好设想呢？由此，你马上拉上窗帘，打开电脑，或者拿出心爱的笔记本，写写画画中，你似乎看到自己憧憬的一切都跃然纸上，似乎感受到生命的力度正在不断地加强。你甚至懊丧：如果现在不是夜晚多好，我一定会当即展开行动，马上努力去做，把梦想变成现实。然而，你的思绪如同脱缰的野马一样再也无法收回来，你甚至彻夜不眠，带着两个乌黑的青眼圈，直到黎明到来，才昏昏沉沉地睡去。即使在睡梦中，你的思绪依然不能平息，就这样肆意翻飞。直到闹铃声响起，你却突然间如同泄了气的皮球一样，似乎真正的阳光的到来也刺破了你绚烂多彩、瑰丽多姿的梦。

幻想太多，并不意味着人生有更多的可能性，反而会因为想法一时三变而导致自己陷入困顿之中，无从作出明智的选择。所以说，不要退缩，不要沮丧，不要任由自己信马由缰地去想；而是要有目的地规划自己的人生，设想自己的未来，这样的你才会在成长的道路上不断地努力前行，才能有的放矢地把自己的梦想变成现实。

一个人若总是耽于幻想，就会沉浸在幻想给自己带来的满足中。如果在幻想过程中忧思过重，则也会因此而导致故步自封，不敢轻易尝试。不管幻想带给我们的是哪一个极端，似乎对于人生的发展都没有好处。所以，幻想要适度，在有了好的想法且真正想好去做之后，我们就要当机立断展开实际行动，从而距离梦想越来越近，达到人生中最美好的状态。

也许有很多朋友会说，梦想是瑰丽的，现实却是暗淡的。的确如此，现实的残酷常常给很多人以强烈的打击，导致人们在面对人生的时候失去勇气努力前行。要想增强自己的勇气，坚定自己的信念，我们就要在真心想做一件事情的时候把自己的后路切断。秦朝末年，项羽之所以能够在巨鹿之战中战胜强大的秦军，就是因为他破釜沉舟，绝不给自己和全体将士留下任何退路。人生中，当缺乏勇气的时候，我们真的需要把自己逼上危崖，这样才能让自己毫不迟疑，果断行动。

在拥有勇气之后，接下来我们需要解决的是如何实现梦想，也就是如何把梦想真正变成现实的问题。如果我们总是把梦想和幻想混为一谈，那么我们就很难真正地实现梦想，因为幻想会成为最大的绊脚石。现实生活中，之所以出类拔萃的人少，而平庸的人多，都是因为平庸者不知道如何走向梦想、实现梦想。不得不说，实现梦想的道路是很难走的，正因为如此，已经实现了的梦想才显得那么可贵。马云曾经说过，梦想总还是要有的，万一实现了呢？马云也曾经说过，实现梦想的路很艰难，即使跪着也要走完。实现梦想，固然要先确立梦想，但是真正重要的是，要在有了梦想之后真正展开行动，这才算是迈出了走向梦想的第一步。

艾米丽出生在上流社会的家庭里，衣食无忧，生活优渥。她的妈妈是一位大学教师，她的爸爸是一位律师。在这样一个享受声望的家庭里，艾米丽从小就被父母照顾得很好，而且不管她有什么愿望，父母总能想方设法地满足她。

艾米丽最大的梦想是成为一名主持人，她也认为自己很有当主持人的潜质，因为她总是具有亲和力，即使是与陌生人见面，也很快能打开陌生人的话匣子，与陌生人攀谈起来。

为此，艾米丽有很多朋友，朋友们每当有了忧愁或者烦恼，也总是会和艾米丽说。艾米丽一天天地长大，成为一名亭亭玉立的少女，她常常会告诉身边的人："我唯独缺少的就是机会，只要等来机会，我一定会成为出色的主持人。"艾米丽就像一个守株待兔的人一样，一直在等待机会，从未积极地采取任何行动。哪怕是向父母求助，她都没有做过。时间一天一天地过去，艾米丽几乎每天都在幻想着自己成为著名主持人之后的风光，却从未切实去做任何事情，就这样，她成为一个平庸的女孩，白白浪费了自己的天赋，从始至终没有任何人邀请她去主持节目。

和艾米丽相比，玛丽的家境堪称贫穷。玛丽的父亲是一名普通的工人，妈妈是一位清洁工。玛丽也想当主持人，但她很清楚父母不能给她任何帮助。为此，她决定自己努力去做。她从未徒劳地等待，而是始终都在全力以赴做好自己该做的事情。她该做的就是工作，因为父母不能养活她，更不能供养她上学。为此，她小小年纪就开始四处打工，赚钱养活自己，并利用晚上收工之后的时间去上函授班，提升自己的文化知识水平，她的薪水变得多一些后，还报名参加了主持人培训班。后来，玛丽积攒了积蓄，来到了大城市，她想要找机会成为主持人，或者哪怕先从播音员开始做起也行啊！可想而知，玛丽处处碰壁，但她从未放弃。在玛丽的坚持不懈之下，终于有一天，玛丽得到机会进入一家很小的电台工作，从事最简单的插播广告工作。玛丽尽管有着鸿鹄之志，却没有嫌弃这份工作不起眼。她很珍惜这个得来不易的机会，尽量在需要播音的时候做到字正腔圆。如此工作了两年之后，玛丽有了一定的经验，因而再去更大的电视台寻找工作也就有了底气。如此一步一个台阶努力向前，玛丽最终实现了梦想，成为一名主持人。

为何家庭条件不好的玛丽成功了，而家庭条件优渥的艾米丽却失败了呢？归根结底，是因为艾米丽始终只有幻想，而没有实际行动，为此失败也就成为必然。而玛丽恰恰相反，玛丽很清楚一切都要靠着自己努力，为此她从来不会一味地沉浸在幻想之中，而是一步一个脚印努力去做。这就像乌龟和兔子赛跑一样，兔子因为骄傲，把乌龟甩下之后跑到半路，它就在大树底下睡着了。而乌龟虽然爬得慢，但是它知道自己爬得慢，为此始终都在坚持向前，绝不停息。很多人都知道埃及金字塔是世界奇迹之一，又有谁知道，在这个世界上所有的动物中，能够到达金字塔顶端的只有苍鹰和蜗牛呢！苍鹰展翅翱翔，很容易飞到金字塔的顶端，这一点可以理解。但是蜗牛为何能够到达金字塔顶端呢？很多人都觉得纳闷，也质疑蜗牛是否真的能够爬上金字塔顶端。实际上，蜗牛虽然爬得慢，但是它从来不放弃，始终坚持一步一步往上爬。时间久了，蜗牛爬得再慢，也会到达金字塔顶端。

不管距离梦想的道路多么遥远，我们都要坚持努力前行。只有以实际行动勇敢地迈出通往梦想的第一步，我们才算是真正踏上了通往梦想的旅程。接下来，我们只需要不遗余力，坚持前行，最终就能站在人生的巅峰，饱览壮丽的风景！

选择意味着得到，也意味着失去

人生，就是由无数个选择组成的。在选择的过程中，有的人选择明智，获得成功，有的人稀里糊涂，或者对于人生没有规划，为此难以避免会承担失败的打击。其实，不管成功还是失败，都是选择的必然结果，也都是每一个选择的人应该调整好心态积极面对的。在选择之后，我们要均等承担成功和失败的可能性，在选择的过程中，我们还需要理性分析和判断自己将会得到什么、失去什么。毋庸置疑，人都是贪婪的，每个人都想在选择的过程中得到更多，却不知道没有一次选择会绝对成功。得到和失去更是相对而言，没有百分之百的得到，也没有百分之百的失去。举个简单的例子，一个人为了投身于工作，把所有时间和精力都用在上面，难免会牺牲陪伴家人的时间，也就会失去与家人在一起进行更多互动、交流的机会。从这个意义上而言，得到也是失去。一个人若更加看重家庭，也许就不会把大部分时间都投入工作之中。在此期间，他获得了家庭的温暖以及与家人之间的亲密感情，却也失去了在事业上大展宏图的机会。由此可见，得到就是失去，失去就是得到，没有任何选择都是好，也没有任何选择都是不好。

在选择的时候，我们应该先问清楚自己的心，明确自己想要得到怎样的人生，想要收获怎样的结果。人生中的每一个选择，与每个人的世界观、人生观、价值观都是密切相关的。尤其是人生观，对于我们的人生选择影响更大。以事业为重的人，在选择的时候会侧重于事业；以感情为重的人，在选择的时候会更加在乎家人的感受；以金钱为重的人，会更加倾向于利益的获得；以权势为重的人，就不会把金钱和感情看得那么重要……总而言之，当人生有不同的侧重点时，就会呈现出不同的人生状态，作为生命主宰的人，也会作出不同的人生选择。

俗话说，人心不足蛇吞象。在面对各种人生选择时，我们还要戒掉贪婪，避免贪心。既然没有一个选择能够做到十全十美，只有得到而没有失去，我们就要衡量放弃什么、保全什么。现实生活中，很多人面对选择的时候总是犹豫纠结，无法决断，就是因为他们的内心想要得到的太多，能够舍弃的太少。只有端正心态，坦然面对得失，才能果断作出抉择。

有一天，大名鼎鼎的哲学家苏格拉底带着学生们来到田地边。学生们不知道老师的葫芦里卖的是什么药，都感到很纳闷。没想到，苏格拉底指着一望无际的麦田说："现在，你们去麦地里采摘最大的一株麦穗，但是，你们只能选择一次，而且，你们只能朝着前面走，不许往后退。"老师一声令下，学生们都走入麦田，他们看着一株株麦穗，每个人的选择方式和选择结果都不同。

有的学生才走入麦田没多久，就摘到一株自认为很大的麦穗，但是继续朝前走，他们又看到更大的麦穗，但是此时他们已经没有机会再次选择。有的学生在麦田里走了很久，总是担心自己会遇到更大的麦穗，为此始终都不愿意摘麦穗，最终他们一直快要穿过麦田，才匆匆忙忙摘了一株不那么大的麦穗，心中懊悔不已。相比起这两种极端的学生，有一些学生在走到麦田中部的时候，也看过了大大小小的麦穗，对于麦穗将会多么大或者多么小心中有数，为此他们再遇到认为最大的麦穗时就会果断摘下，再也不看其他的麦穗，而是快步走出麦田。

走出麦田，苏格拉底问学生们是否找到了最大的麦穗，有的学生说根本没有最大的麦穗。苏格拉底说："所有的麦穗都不一样，肯定有最大的麦穗，只是在行进的过程中只有一次机会，所以未必能够遇到而已。换而言之，就算当时遇到了，也不知道是最大的麦穗，只有在看过所有的麦穗之后，才能比较出大小。"为此，学生们纷纷问苏格拉底："如何才能找到最大的麦穗呢？"苏格拉底笑着说："对于你们而言，你们摘下的麦穗就是最大的。"学生们恍然大悟：人生就像在麦地里行走，一定要看准时机，果断抉择，才能把最大的麦穗牢牢地抓在手里。

当面对人生中的各种选择时，人们常常会犯这样的错误——总是担心自己的选择不是最好的，也总是担心自己会错过最好的。实际上，在事情正在发生的过程中，根本没有人能够站在全局的角度去看待问题。当然，我们也不可能等到所有事情都发生之后再去抉择，到时候不但没有机会，也没有时间。最好的做法是笃定自己的内心，深刻知道自己想要什么、该做什么，始终都坚持做好自己该做的事情，也积累人生的更多资本。

如今，网络上有很多的剁手党，他们看到什么东西便宜就都想买，甚至对于自己根本不需要的东西也会为了占便宜而买下来。不得不说，这样的占便宜心理恰恰使自己吃了大亏，家里堆满了各种不需要的东西。其实，看似是省钱，实则是浪费钱。每当我们做一个选择，就意味着我们会得到一些，也意味着我们会失去一些。为此，在做出选择的时候，不要总是因为外部的很多因素而受到影响。只有发乎内心做出选择，我们才能做出理智的决断，才能坦然面对和承受选择的结果。

准确定位自己，确立人生方向

那些光鲜亮丽的女明星，有着无数的漂亮时装，也有着很多时尚的鞋子。但是，这些女明星每次绚丽登场的时候，都只能穿一件衣服，选择一双鞋子。由此可见，在人生之中，我们固然面临很多选择，但是我们必须作出决断，让自己选定方向努力前行。人生的道路尽管有千千万万条，但是我们分身乏术，只能选择其中一条道路去走。否则，若我们在好几条道路上徘徊，时而想向前，时而想向左，时而想向右，最终的结果只能让自己迷失，根本不知道路在何方，人生也会因此而受到很严重的影响。

很多选择恐惧症患者，都有选择困难的明显表现，越是选择多的时候，他们反而越是不知所措。曾经有一家生产果酱的公司专门进行市场调查，想看看哪一种口味的果酱更能够得到大众的欢迎。为此，他们进行了实验。在一个大的场所里摆满了六种口味的果酱，让100个顾客进去选购。然后，在这个场所里摆放20多种口味的果酱，再让另100位顾客进去选购。结果证实，顾客在面对六种果酱的时候选择购买的概率，远远大于顾客在面对20多种果酱的时候选择购买的概率。由此可以证实，人在选择最多的时候往往不容易下定决心，只有在适度数量的选项下，才能快速作出决断。人生也是如此，我们不需要面对太多的选择，也不要逼着自己只能走一条路。其实，在为数不多的选择中，人们更容易作出理性果断的抉择。因为在为数不多的选择中，人们更容易确立人生的方向，也更容易形成人生的目标。

人生就像在大海上航行，即使是经验再丰富的水手，也需要有罗盘和指南针作为指引。如果没有方向，航行就会漫无目的，也会导致不知所踪，彻底迷失在海洋深处。人生也是如此，只有在方向的指引下，才能更加有的放矢地奔向前方，才能在方向的指引下不忘初心，奔赴目标。当然，人还应该有着灵活的思想，因为确立目标并不意味着一成不变，而是要在自己不断努力进取的过程中顺势而为，随机应变，从而根据自己的优势和长处及时调整方向，也根据自己的劣势和短处及时避开不足，这样才能在生命历程中融会贯通，获得更长足的成长和发展。

一直以来，小叶的工作表现都不是很好。这是因为小叶是一个活泼外向的女孩，如今从事的却是枯燥乏味的文员工作，每天与各种各样的文件、数字和表格打交道，小叶觉得自己的脑袋都大了。但是，当初小叶所学的就是秘书专业，还能做什么呢？

常常感到工作枯燥乏味的小叶，决定辞掉工作，去遇见更好的自己。她辞掉工作之后，先没有着急找工作，而是去找到专业的人力资源师进行咨询，询问自己这样的性格、专业到底适合从事什么工作。小叶所找的专业人力资源师就是她的姑姑。姑姑几乎不假思索地对小叶说："这还用问吗，你是做销售的好苗子！"提起销售，小叶有些害怕，问姑姑："销售不是压力很大，据说连睡觉都睡不着吗！"姑姑笑起来，说："内向敏感的人在做销售工作的时候，也许会因为心理压力太大而出现紧张焦虑的情况。你可从小就是开心果，性格开朗，活泼爱笑，还是大大咧咧的粗线条，我觉得你没问题。你知道吗，销售工作虽然很辛苦、很累，但是收入也是很高的。你要相信自己一定可以做到。”对于姑姑的鼓励，小叶陷入沉思。她的确很缺钱，要买苹果手机，要买漂亮衣服，但是既然已经毕业了，就不能再向爸爸妈妈要钱。在咨询完姑姑之后，小叶才专门了解和研究了销售工作，最终下定决心挑战自己。

果然，不出姑姑所料，小叶做起销售来得心应手，虽然卖的是房子，是大额不动产，但是聪明伶俐、勤学好问的她，才进入公司半个月就开了生平第一单。小叶高兴不已，姑姑也由衷地对小叶竖起大拇指：“小叶，你只要坚持去做，前途一定不可限量。”

如今在职场上，很多年轻人都抱怨工作很疲惫辛苦，或者抱怨自己在工作上没有得到丰厚的回报。殊不知，当你对人生迷惘，且总是把时间和精力花费在自己不擅长也不精通的事情上时，你的人生常常会做无用功。就像我们曾经学过的那篇课文，如果总是南辕北辙，则一定无法把很多事情都做好。尤其是在方向错误的情况下，很多原本有利的因素都会变成不利因素，反而导致事与愿违。

当然，要想确立正确的人生方向，要想把好钢用在刀刃上，我们就要先客观公正地认知自己。否则，如果对于自己都没有准确的定位，如何才能发挥自己的特长，从而让自己更好地成长和发展呢？定位在先，方向在后，当我们设定好人生的航线后，就可以开足马力勇敢前进了！

人生不如意十有八九

人生不如意十有八九，面对人生的不如意，有的人选择沮丧绝望地面对，有的人选择积极主动地应对。正因为不同的人采取不同的态度面对人生的不如意，所以，最终他们对于人生会有不同的收获和成长。从某种意义上来说，不如意就是人生的常态，就是人生的本质表现。对于这些不如意，我们能怎么办呢？是逃避、躲藏，还是面对、解决？人生中的很多事情是避免不开的，既然逃避是胆小怯懦的一生，勇敢面对是无所畏惧的一生，我们当然要勇敢面对，因为这样才能在人生的道路上不断地成长起来，变得强大。

中国近现代政治家、教育家、书法家于右任老先生的一生大起大落，饱经磨难，他却能够始终坚持笃定的内心，淡然面对人生的荣辱。这一切都是因为老先生宁静致远、淡泊明志，他还在客厅上挂上对联："不思八九，常想一二"，这副对联的横批就是"如意"。从这副对联不难看出，人生要想顺遂如意，不是要改变生活，而是要改变自己的心态。心若改变，世界也随着改变，当我们的心放得开，不对生活苛求，我们就会获得知足常乐的状态。

有人觉得人生短暂，有人觉得人生漫长。其实，不管是短暂还是漫长，都是不同的人对于人生的感受和领悟。要想在人生之中有更快乐和幸福的体验，我们就要怀着一颗感恩和知足的心，如此才能更加捕捉到生活中让我们感恩和知足的时刻，从而对于生命更加怀着谢意。每个人得到的最大馈赠，就是自己的生命，只有在生命延续的基础上，我们才能更加深入地了解生活，更加无所畏惧地面对生活，才能以自己的双手创造生活。否则，如果总是混沌懵懂，对于人生既没有梦想，也没有规划，则常常会陷入漫无目的的状态，人生的效率也会大大降低。

很久以前，有个老婆婆每天都愁眉苦脸地坐在门口。邻居每天出门，都看到老婆婆哭丧着脸，不由得感到纳闷：老婆婆这么大年纪了，为何总是这么忧愁呢？有一天，邻居看到老婆婆居然在掉眼泪，实在忍不住，便问老婆婆："老人家，您都这么大年纪了，为何总是这么忧伤呢？是孩子对你不好吗？"老婆婆赶紧摇摇头，说："不是，不是，孩子对我好着呢！我就是觉得有点儿担心，因为我的大儿子是卖伞的，这都艳阳高照好多天了，我儿子的伞一定不好卖！"邻居说："难怪呢，我看您这么忧愁。孩子会想出办法来的，再说不是还有遮阳伞可以卖吗，而且平日里大家也不是等到下雨才去买伞，肯定还是有生意的。”然而，邻居的劝说对于老婆婆似乎没什么作用。

没过几天，天就开始下雨。邻居特意看了老婆婆的神情，发现老婆婆还是很忧愁。一日两日，老婆婆又开始掉泪。邻居真的很想不通：“老婆婆，你盼着下雨，这都下了好几天了，你怎么又不高兴了呢！你的大儿子的雨伞一定卖得一定很好。”老婆婆说：“我大儿子的伞一定很好卖，但是我小姑娘是做导游的，天气这么糟糕，她的导游生意肯定很差。”邻居恍然大悟，笑着说：“老婆婆，你这样忧愁并不能改变天气，为何不换一种思维，告诉自己，‘晴天的日子里，小女儿可以当导游赚钱；雨天的日子里，大儿子可以卖伞挣钱。不管晴天还是雨天，我家都有钱赚，简直是稳赚不赔’。您觉得，这么想可好呢？”听了邻居的话，老婆婆认真想了想，这才破涕为笑：还真是呢，什么天气都有钱赚！后来，老婆婆再也不愁眉苦脸，而是变得整天都乐呵呵的。

如果不能改变天气，那就改变心情吧，毕竟不管你是哭着还是笑着，天气都不会因为你转晴或者转阴。为此，有人说世界是唯物主义的，这句话固然有道理，但是从每个人的内心角度而言，世界其实是唯心的，因为每个人所看到和感受到的一切，都是客观外物在他们心中的呈现。而人是主观动物，当他们感受到一切，就已经在不自觉中加入了主观的因素和感情的

因素在内。

人生短暂，苦也是一辈子，乐也是一辈子。与其因为人生的苦恼而陷入被动的状态中，不如有的放矢地面对人生，积极主动地享受人生，乐观地面对人生。人，对于生活的所需其实很少，为此我们还要收敛自己的欲望，不思八九，常想一二，这样我们才能摒弃人生中各种无用的信息，从而让自己更加专注于生活，拥有更饱满充足的好情绪。

学会放下，人生更轻松

在鲁迅笔下，祥林嫂不但失去了丈夫，还失去了孩子，为此非常懊恼和自责，见人就说孩子被狼叼走了。一开始，人们还很同情祥林嫂，但是随着祥林嫂诉说的次数越来越多，大家都对祥林嫂感到厌倦，见到祥林嫂就躲，根本不愿意听祥林嫂说什么。而祥林嫂呢，始终不能放下这件事情，整个人沉浸在过去的悲痛中无法自拔，不愿意走出来，变得越来越木讷，越来越无助。

人生中，不是每件事情都会让我们欢呼雀跃、非常欣喜的。人生的常态是不如意，每个人都会遭遇挫折和坎坷，也有一些人会在面对人生的过程中遭遇不可知的困境，甚至觉得自己的内心非常惶惑。尤其是在遭遇意外打击的时候，没有心理准备的我们，常常会陷入手足无措的困境之中，也会因为突如其来的伤害或者打击而变得内心沉重，无法面对一切。的确，不如意是人生的常态，伤害、打击也是人生中不可能完全避免的。在这种情况下，我们要学会放下，让人生更加轻松。过去的一切都已经过去，成为不可改变的历史，我们只有立足于当下，把握当下，努力向前看，才能卸下心灵的重负，有的放矢地面对人生。记住，人生从来不会一帆风顺，当遭遇各种困境的时候，我们一定要内心笃定，如此才能更加从容地应对人生。若心随物转，因为外界小小的风吹草动就导致在人生之中有太多的抱怨、不满等，我们的未来也就会失去对于人生的各种坚持。

人生之中有三天：昨天、今天和明天。不管是失去还是得到，昨天已经成为不可改变的历史，我们唯一能做的就是把握今天。因为只有过好眼下的这个今天，我们才能拥有充实、没有遗憾的昨天。如果因为懊丧昨天而把今天也失去了，那么我们的下一个昨天就还是状态糟糕的。此外，今天在昨天和明天中起到承上启下的作用，如果不能笃定地过好今天，那么明天也会受到影响，甚至变得很糟糕。正因为如此，才有那么多的大哲人说，人必须活在当下。而具体地说，当下就是今天。

大多数时候，人生中未必有那么多的大风大浪。更多的时候，我们都是“世上本无事，庸人自扰之”。曾经有心理学家做过一个实验，他让很多参与实验的人都在纸上写下自己的烦恼，然后再让每个人把名字也写在纸上。在写下这些忧愁的时候，人们还愁眉紧锁呢！过了一段时间，心理学家再把人们召集起来，把他们曾经写满忧愁的纸分发给他们。结果，大多数人都发现，他们所担心的事情并没有发生，也没有给他们造成任何困扰。而只有一个人所担忧的事情真的发生了，但是事实证明，他的担忧非但不能阻止事情发生，对于解决问题也没有任何帮助。事到临头，还是要去解决问题，而不能靠着忧愁逃避问题的存在。最终心理学家得出结论，大多数人担忧的事情都不会发生，极少数人所担忧的事情即使真的发生，忧愁和焦虑也并无助于解决问题。既然如此，我们还有什么必要为已经发生的事情懊丧，为没有发生的事情提前透支焦虑呢？

人生，总是要学会放下，才能卸掉生活的重任，变得更加轻松。如果总是背负着沉重的心理负担前行，总是对于人生充满抱怨，无法全力以赴过好自己，人生就会越来越迷惘，也会越来越困惑。

有一天，美国前总统罗斯福家里被小偷光顾，很多贵重的东西都被偷走了。友人在知道罗斯福如此倒霉、居然被偷窃之后，当即写信安慰罗斯福，劝说罗斯福不要因此影响了心情，而要乐观面对。没想到，对于家里遭遇窃贼的事情，罗斯福尽管因为失去的那些东西而感到心疼和惋惜，却不至于沉痛。他当即提笔回信给友人："我最最亲爱的朋友，谢谢你在百忙之中还要抽时间写信给我。我很好，毫发无损。我的家虽然遭到窃贼光临，但是我并不觉得自己有多么倒霉，反而为自己庆幸。首先，小偷只偷走了我的一部分东西，而没有偷走我的全部东西，所以我还拥有很多东西。其次，盗窃只是偷走了东西，而没有伤害我，更没有夺走我的生命。最后，感谢上帝，当小偷的人是他，而不是我，我只是被偷而已，还不曾沦落到以偷窃为生的地步。"

一个人非常倒霉，被小偷偷了，丢失了很多贵重的东西，这种遭遇发生在谁的身上，谁都会感到非常惋惜，罗斯福也是如此。但是，罗斯福在心疼东西的同时，并没有扰乱自己的心，而是理性作出分析，也为自己感到庆幸，为此对于生命充满了感恩。不得不说，罗斯福的思想已进入至高无上的境界，所以才会如此想得开，才会因此而对生命充满感谢。

面对这样的遭遇，罗斯福能够避免大发雷霆，而是由衷地劝说自己想得开，这是需要豁达、宽容才能做到的。在人生之中，当遭遇大的挫折时，会产生各种激烈的情绪需要发泄，其实这也是人的本能。但是当事情过去，回过头来想，人生原本就很短暂，再因为这些不值一提的事情而让自己陷入困顿之中，则更加得不偿失。为此，我们一定要调整好心态，化解自己的心结，消除自己的负面情绪，这样才能积极乐观地度过人生中的每一天。西方国家有句谚语，叫作不要为了打翻的牛奶而哭泣。对于已经失去的东西，对于已经发生的事情，我们都要坦然接受，并从容接纳，才能让人生不急迫，淡然轻松。

一味地担忧和抱怨根本毫无意义

现实生活中，我们很容易因为各种各样的事情陷入忧愁和焦虑之中，甚至当生活的发展不能满足我们的预期时，我们会忍不住牢骚满腹、怨声载道。实际上，这样的负面情绪只能起到发泄的作用，而对于人生根本没有切实的意义，也不会产生积极的作用，尤其是当面对很多难解的问题时，因为愤怒、抱怨等的存在，还有可能导致事情更加糟糕。

人的烦恼来自哪里呢？每个人都是凡尘俗世间的一分子，很少有人能够真正脱离现实的生活独立生存，更没有人能够仅仅依靠自己的力量就应付好人生中的各种境遇。每个人都是群居动物，都要在熙熙攘攘的社会中生存，由此可知，每个人也都要与身边的人产生各种各样的交流，进行人际交往。我们大多数的烦恼，其实都来自人际关系。在社会生活中，人际关系是非常复杂的，诸如亲人关系、邻居关系、同乡关系、爱人关系、同学关系、朋友关系、仇人关系、手足关系……这些关系错综复杂，就像是一张大网，把每个人都网罗在其中。曾经有心理学家还曾经提出过，我们若想要结识一个人，只需要让身边的人帮忙辗转介绍一定次数，就可以与对方搭上关系。由此可见，人际关系总是错综复杂，且包罗所有人的。

当人际关系给我们带来好的收获和积极的呈现时，我们就会感谢人际关系，为此人们常说“得道多助”这样的话。但是当我们因为人际关系的杂乱而陷入流言蜚语的旋涡之中、陷入对于人生状态的迷惘之中时，我们又恨不得抛下一切的人际关系，躲到深山老林里，孤独终老。然而，人毕竟是社会的一员，是群体的一员，不管我们此时此刻对人际关系有着怎样的感受，我们还是生活在人际关系的大网之中。只有处理好人际关系，我们才能理顺自己的人生，也只有与身边的人交好，我们才能真正做好自己。

除了人际关系的复杂多变之外，对于人生的失望和不如意，也常常会让我们变得消沉，变得对人生缺乏积极性。需要注意的是，消极负面的情绪具有传染性，不要总是让自己消极懈怠，否则随着时间的发酵，你会发现自己越来越难以从绝望沮丧中挣脱出来。实际上，人生尽管不如意，但是也未必都是致命的打击。更多的不如意是小小的不满意、不满足，为此我们要尽快处理好自己的负面情绪，不要让负面情绪随着时间的推移在心中发酵，否则就会导致我们的内心非常惶恐、非常无奈，再面对生活的时候，也会觉得存在障碍。即使是同一件事情，由同一个人负责解决问题，在不同的情绪状态下去做，也会有不同的解决方案和结果。例如，我们小时候因为很小，把每一件事情都看得很重，所以常常把老师的话当圣旨，把父母的话当成不得不执行的命令。但是等到渐渐长大，你还会惧怕老师吗？你还会敬畏父母吗？当你长大成人，可以以独立的姿态支撑起整个家，也许你就会摇身一变而成为父母的家长，要负责打理好关于父母的很多事情。

在人际交往的过程中，我们还要避免陷入一个误区，即不要因为自己先入为主的观念，或者因为对于一些零碎信息的收集，而导致自己陷入对某人或者某事的厌恶情绪之中，或是对生活中的很多经历怀着否定的态度。实际上，人心尽管不像我们想的那么好，也绝不想我们想的那么坏。在这个世界上，每个人都有自己的脾气秉性，我们也有自己的喜好和趋向。我们既不要因为自己的喜好而否定他人，也不要因为他人的性格特点就完全否定他人。每个人都是独立的生命个体，都有权利在这个世界上获得更好的生存，也要给自己和他人独立的生存空间。为此，不要总是担忧和抱怨，而要做到悦纳自己、悦纳世界。

还有些人为了赢得他人的认可与赞赏，常常会特别在乎他人的意见和看法，也会因为他人说了什么、做了什么而马上改变自己。不得不说，这样随意改变自己，对于笃定做自己没有任何好处。因为若一个人失去人生的根，总是在人云亦云，总是没有自己的主见和坚定的想法，那么他最终不但做不成别人，也做不成自己。人生中最大的成功是什么？就是做自己，坚定不移地做自己。所以不管自己是否能让别人满意，我们都要内心笃定，要坚持自己的思想和行为，要坚持把自己该做的事情做到最好，这才是最重要的。

当我们内心平和时，我们就不会总是抱怨身边的人和事情，我们就不会因为外界的改变而迷失自己，也不会因为抱怨和忧愁而白白浪费自己的人生时间和精力。常言道，好钢用在刀刃上，如果我们此刻正在做着的一切毫无意义，我们还有什么必要继续做下去呢？时间是人生中最宝贵的成本，我们一定要就及时止损，把时间用在该用的地方，让时间开花结果。

第4章

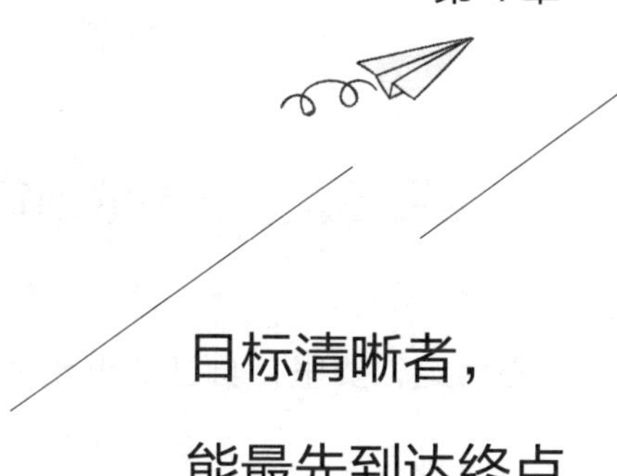

目标清晰者，能最先到达终点

一个人不管做什么，都要有清晰的目标，这样才能在目标的指引下向着目的地不断前进。哪怕在前行的过程中有很多迷雾，也有很多的坎坷与挫折，我们也要全力以赴，绝不放弃。人生，就是一个过程，有起点，也有终点。只不过每个人都知道自己的起点在哪里，而不知道自己的终点在哪里，为此有人说人生是一场没有归途的旅程。其实，正因如此，我们才要确立人生的目标，这样才能让目标指引我们穿越人生的迷雾，始终心向着远方。

确定目标，才能勇敢前行

在现实生活中，总有些人非常优秀，他们出类拔萃、卓尔不群，简直就是人中龙凤。他们能取得令人瞩目的成功，被很多人羡慕嫉妒恨。实际上，他们并非有着特别的天赋，也不曾得到好运气的眷顾和青睐，他们只是很清楚自己想要拥有怎样的人生、到达怎样的目的地而已。为此，他们有强大的精神支柱，也有很强的自我约束力。他们清楚自己要什么，并督促自己努力去得到。这两个方面的完美配合之下，他们爆发出强大的生命力量，在人生道路上遇到各种坎坷与挫折的时候，总能够不忘初心，砥砺前行。

目标是什么？如果说人生是在海洋中航行的船只，那么目标就是灯塔；如果说人生是在天空中飞翔的飞机，那么目标就是塔台；如果说人生是一场未知的旅程，那么目标就是我们下一个要到达的目的地……目标对于人生来说绝不可缺少，因为只有在确定目标的情况下，我们才能确定方向，才能知道自己应该向着何处前进。

有目标的人不但有方向，而且具有很强的自制力。他们知道自己的人生要去往何方，为此从来不会肆意放纵自己，也不会在遭遇困境的时候随便放弃。他们坚定初心，向着人生的既定目标不懈地努力，他们能够管理好自己，在学习、事业方面都表现出很强的专注力。在目标的指引下，他们更加笃定，坚守内心，即使遭遇坎坷，也能够砥砺前行。当然，不管做什么事情，都是需要有目标的。细心的朋友会发现，即使同一个人做同一件事情，有无目标也会对他产生很强烈的影响，也会让结果变得截然不同。

目标清晰的人，对于结果会有更强的把控能力。因为他们做事情从未抱着随遇而安的态度，也从未感受到模棱两可。为此，他们会想好可能面对的结果，也会对于未来有更强大的承受能力。他们懂得尊重目标，也懂得尊重自己。在实现目标的过程中，不管面对怎样的结果，他们都可以勉力承受，也可以无畏前行。当一个人对于目标的认知达到这样的程度时，他就会更加充满力量，也会在追求和达到目标的过程中感受到充实与乐趣。

小柯读大三了，班级里很多想考研的同学，都已经开始着手准备考研的事情，但是小柯对考研不太感兴趣，因为他的学习成绩一直处于中下等水平。但是，小柯也意识到形势的严峻，毕竟本科生已经很普遍，而研究生学历也正在普及中。针对毕业后到底是工作还是继续深造，小柯的想法游移不定。

为此他还专程和父母商议，父母的意见是一致支持他考研。小柯迟疑地说：“我万一考不上怎么办？”妈妈很坚定地对小柯说：“你的学习能力可是很强的，还记得高三一年你就冲刺上来二十几名吗？要不然，你连大学都考不上。你现在觉得自己学习中下游，就是因为你在大学里过于松懈，也对自己没信心。你只要目标明确，坚定考研的信念，一定会成功的！”

一直以来，妈妈经常批评小柯不务正业，不学习专业，如今却给予小柯这么高的评价，让小柯感到很吃惊。小柯问妈妈：“我在你心里真的这么优秀？”妈妈坚定不移地点点头，说：“当然，我平时说你，都是为了激励你进步的。现在是很公正地评价你。”小柯在妈妈的鼓励下，越来越动心，说：“要不然我试试？”爸爸也说小柯：“哎呀，怎么能试试呢，要想做到最好，就要破釜沉舟、义无反顾。如果目标本身就在飘摇不定，你怎么可能成功呢！”爸爸的话让小柯恍然大悟。小柯豪情万丈地说：“好吧，那我就一定要成功，我从现在就开始努力！”

此后的日子里，小柯向着考研努力，每天都认真学习、刻苦攻读，一年多之后，他真的成功考取了一所名牌大学的研究生，人生的画卷瞬间展开。

事例中，爸爸妈妈说得都很对，一个人做事情的时候若带着三心二意的姿态，对于目标都没有坚定不移地确立好，那么他就无法勇往直前地朝着目标前进。在人生之中，要想提升生命的效率，要想以最快的速度冲向目的地，我们就要首先确立目标。目标之于人生，就像空气之于人一样，是不可缺少的，是生存的必需品。

在制订目标的时候还需要注意几点：首先，目标要远大，否则就无法对人生起到积极的指导作用。其次，目标要符合自己的实际情况，而不要盲目远大，否则就会使人在非常努力也无法接近目标之后变得沮丧绝望，对于人生也缺乏动力。再次，制订目标之后，目标并非一成不变的，而是要根据我们自身的发展顺势而为、不断调整，这样才能对人生起到积极的指导和促进作用。最后，确立目标之后，一定要积极地开展行动，迈出实现目标的第一步，此后持续地推进，朝着目标奋进，距离目标越来越近。只有把目标与行动结合起来，才能推动目标变成现实，才能让人生的梦想绚烂绽放。

没有目标的人生四处乱撞

大文豪巴尔扎克曾经说过，伟大的天才之所以能够诞生，起源于伟大的愿望；伟大的人生之所以能够诞生，起源于明确清晰的目标。从这句话不难看出，巴尔扎克对于目标是非常看重的，也认为目标对于人生的影响是很大的。巴尔扎克为何如此重视目标的确立和执行呢？因为目标能够激发人们的积极心态，也可以让人在生命的历程中有远方值得期待。人活的就是精气神，只有充满激情的人生，才会有更加充满希望的未来。如果一个人对于人生总是感到非常无奈和沮丧，也提不起任何的兴致，则会陷入困顿的状态，不管做什么事情都提不起精神来，也常常会为此而失去希望，失去热情。

目标除了提升人的精气神、为人们指引方向之外，还可以改善人的心态。人，如果在生活之中走一步看一步，则只会盯着眼前的蝇头小利，格局很小，视野也会受到局限。反之，一个人如果有大格局，有远大的目标，那么在目标的指引下，他就会努力向前，充满信心和勇气。哪怕眼前正在遭受困厄，他也会想到在不远的未来，会有更加精彩绚烂的人生。在目标和远景的支持与激励下，他会更加全力以赴、勇往直前地奔向成功。

也有些人觉得，目标只属于年轻人，甚至只属于那些刚刚走出大学校园的人。为此，他们动辄就说自己老了，不需要再去设定目标了，也很清楚自己想要什么。其实，这是对于自己的误解，也是对于自我状态的过高评估。任何时候的人生都需要目标，目标有大有小，大的目标确立人生的方向，小的目标确立一个阶段的方向，两者都是至关重要的。美国的摩西奶奶原本是个农妇，76岁才拿起画笔来作画，从此一发而不可收拾，成为伟大的画家，还在世界各地举办画展。她的事例也激励了很多人，让人们更加相信人生何时开始都不算晚。知道摩西奶奶的事迹后，你还觉得自己设立目标已经太迟吗？

人生是漫长的旅程，在不同的阶段，会有不同的目的地需要抵达。没有人从一出生就能够确立一辈子的目标，尽管我们确立目标的时候要远大，但是在确立目标之后，随着人生的不断推进，我们也要顺势而为，不断地调整目标，如此才会有更好的成长和发展。任何时候，人生都不能没有目标，否则人生就会如同没头苍蝇一样，四处乱撞。

当然，目标并不是虚化的，不是说立志要成为航天家就是人生目标，这更像是人生的口号。要想成为宇航员，首先要努力学习，掌握各门学科，因为航天知识非常深奥，只靠着浅薄的知识是无法胜任航天家这个称号的。其次，要锻炼好自己的身体，拥有坚强的体魄，因为宇航员的选拔标准非常严格，哪怕皮肤上有小小的疤痕都不行。除了学识和身体方面的准备之外，国家培养一个航天家是漫长的过程，为此我们也应该根据成为航天家的进度为自己确立人生各个阶段的中短期目标，这就是分解目标。否则，若过于远大的目标就像马拉松的终点一样遥不可及，我们跑着跑着就会感到疲惫。把目标分解之后，我们就有了中期目标、短期目标。我们坚持努力，就可以实现一个短期目标，并在此过程中感受到喜悦，也受到成功的激励。接下来，我们就会更加充满力量、充满信心地努力向前。

当然，要想促使目标达成，我们还要制订具体的行动。很多人有了梦想不去实现，让梦想搁浅成为空想；有了目标却不制订计划，最终眼睁睁地看着自己距离目标渐行渐远。不管是梦想也好，理想也罢，或者具体到一个个目标，要想实现都必须依靠行动力的推进。如果只会纸上谈兵，则最终一定会被现实打脸。

很多朋友都喜欢看施瓦辛格的电影，因为施瓦辛格的好莱坞硬汉形象早已深入人心，也赢得了全世界无数观众的喜爱。但是，即使是施瓦辛格的粉丝，也很少有人知道施瓦辛格之所以走上演艺道路，并非因为他想成为好莱坞尽人皆知的大明星，而是因为他想当总统。

没错，你没看错，施瓦辛格从小的梦想就是当总统。1947年，他出生在奥地利的一个普通人家。施瓦辛格的爸爸是一名警察，对于施瓦辛格的教育方式从来都是简单粗暴的。施瓦辛格的妈妈是一名家庭主妇，在家庭里没有话语权。后来，施瓦辛格上学了，老师的态度也很粗暴，打起学生来就像打自己家的孩子，毫不留情。为此，施瓦辛格对于身边的一切都很厌倦，他做梦都在想着离开家，离开自己从小生活的地方，奔向美好的未来。不仅如此，施瓦辛格还立志要当总统，成为全国官最大的人，这样也就没人能揍他。但是施瓦辛格知道，他不可能一下子成为总统，为此他想到了一个办法，那就是先当选州长，再竞选总统。那么，如何当上州长呢？

施瓦辛格既没有背景，也没有权势，为此他想到自己必须娶一个政治豪门的千金，才能与政治联姻，才能距离自己的梦想更近一步。那么，如何才能娶到政治豪门的千金呢？他想到很多女孩都喜欢明星，那么自己首先应该成为明星。想而易见，当大明星距离施瓦辛格的生活也太遥远。一个偶然的机会，施瓦辛格在一本杂志上看到健美先生的封面，脑洞大开：我应该成为健美先生，人人都可以报名参加健美先生！从此之后，施瓦辛格就开始健身。因为家里很穷，他请不起私人教练，所以就靠着在房间里贴满健身先生的照片，开始了最初的健身。施瓦辛格是一个认准目标就努力奋斗的人，此后的日子里，他从未停止过健身，身上的肌肉越来越多，身形也越来越强壮。最终，施瓦辛格不但成为健美先生，而且成功进入好莱坞，成为一线男星，并逐渐享誉世界。就这样，施瓦辛格在影视圈里霸占屏幕很多年，几乎成为票房传奇，并成功娶到一位政治豪门的千金。后来，施瓦辛格退出演艺圈，竞选加州州长，成功当选。

不得不说，施瓦辛格实现了自己的梦想，尽管距离当总统还有很长的道路要走，也没有人知道施瓦辛格最终能否当选总统，但是对于反推梦想、按照目标一步一步坚定前行的施瓦辛格而言，他已经创造了自己辉煌且成功的人生。

任何时候，目标都是人生的指引，我们要想让人生事半功倍，要想创造人生的传奇，也要像施瓦辛格一样，为人生确立一步一步的目标和计划，这样才能按部就班，永无止境，在人生中创造更多的传奇，赢得更多的收获。目标的力量超乎我们的想象，我们一定要重视目标，尊重目标，如此才能创造人生的奇迹！

明确目标，肩负使命

明确目标，对于人生有非常重要的意义，不但可以指导人生不断地努力前行，也可以帮助人们明确自身肩负的使命。人生，就像是在漫无边际的大海上航行的船只，有目标才可以确定方向，才能在海面上穿透迷雾，努力前行。而如果没有目标，人生很容易在海面上迷失，根本不知道自己应该去往何方，也根本不知道前路在哪里。在这种情况下，一旦遭遇小小的挫折和磨难，就很容易放弃，也很容易因为内心的困惑和迷惘而导致缺乏力量。没有目标、不知道使命的人，固然可以在人生道路上行走，却一路迷惘，始终都平庸无奇，人生不会出彩。

拿破仑曾经说过，不想当将军的士兵不是好士兵，这充分告诉我们一个士兵要立志当将军，这对于他的发展和未来都有很大的好处和明确的指导意义。在美国，商业巨子宾尼也曾经说过，一个员工如果有明确的目标，就会让他瞬间变得出彩，甚至改变企业的历史；而一个员工如果从未确立过目标，那么他就会变得很平庸且平凡，没有机会去创造生命的奇迹。由此可见，不管是在政坛还是在商界，有目标都很重要，因为有目标才能有方向，有目标才能有使命感，才会在人生道路上努力前行，做得更好。

在明确目标的激励下，人们富有使命感，对于做很多事情也更加有积极性。在目标的指引下，在目标的激励和促使下，人们总是会向着目标砥砺前行，为了完成目标而拼尽全力，做得更好。由此，生命进入良性循环，得到小小的激励之后更加振奋精神，向着未来奋进。反之，如果没有目标的激励和使命感的促使，人就会很懈怠，对于人生也会有很多的迷惘和困惑，尤其是在遭遇困境的时候，根本不愿意砥砺前行。目标又像是一场比赛，在时光的流逝和推移之中，人们不断地前进，持续地进步，不仅思维方式得以改进，而且生活和工作的方式也得以不断地提升和完善。由此一来，做事情的效率自然越来越高，人生的未来也会面临更好的状态，获得长足的进步和发展。

当然，所谓的目标也是有要求的，不是随随便便的目标就可以，也不是喊口号的方式就能决定目标。在制订目标之前，我们首先要明确自己想要怎样的人生；在制订目标的过程中，我们还要坚持以自身条件和实际情况为基础，这样才能有的放矢地面对人生，才能全力以赴地做好该做的事情。这一点很重要。否则，如果总是在各种犹豫纠结的过程中迷失自己，想好了也不能当机立断去做，那么就会导致自己陷入被动的状态，也会使得自己的人生面临未可知的未来。尤其是当目标远远地超过自身的能力，导致实现目标遥不可及时，还会给自己带来严重的挫败感，也会导致自己在成长的过程中缺乏动力，一蹶不振。为此，在实现目标的过程中，我们应有的放矢地把长期目标划分为中期目标、短期目标，这样，我们的人生才会有切实的指引，才会有效地进步。

细心的朋友会发现，很多人在没有目标的状态下，常常无法激发出自身的潜能，这是因为一个人如果没有外部的压力，那么内部的潜力就不会爆发出来。为此，我们有的时候需要逼迫自己确立目标。在确立目标之后，才能根据目标来安排自己的日常事务，让自己区分清楚各项任务的轻重缓急，从而能够有的放矢地处理好各种日常事务的顺序，高效率地完成很多的事情。人生短暂，光阴有限，人生经不起浪费，也经不起奢侈对待。只有全力以赴做好该做的事情，也只有有的放矢地解决人生中的各种突发问题和异常状况，我们才能在面对人生的时候更好地经营人生。

众所周知，人生是需要专注力的。这就像在战场上，要想战胜敌人，我们就必须集中所有的火力对准敌人开炮一样。在人生的道路上，要想把各种事情做到更好，我们也必须集中有限的时间和精力，去攻克难关。否则，浑浑噩噩、不知所踪的人生，根本不可能获得长足的进步和发展，也不可能获得良好的成长。在目标指引下、肩负着使命的人，他们会油然生出对于责任和使命的骄傲，也会全力以赴经营好人生。即使在实现人生目标的过程中遇到一些坎坷与挫折，他们也总是能够激励自己战胜困难，努力进取，从而排除万难，朝着人生的目的地走过去。

现实生活中，有太多人因为耽于幻想，而把自己迷失在前行的道路上，也有太多的人因为忘却初心，导致在人生进步的过程中总是不小心偏离既定的轨道。正所谓“不忘初心，方得始终”，人总是要勇往直前、努力进取，才能最大限度激发生命的力量，才能有的放矢地面对人生和未来。记住，生命从来不会给予我们过多的机会，人生只有一次，不会重来。面对人生的各种困厄，面对生命的历程，我们唯有更加全力以赴，经营好人生，才能在成长的过程中激励自己不断地进取，才能在努力奋进的道路上收获满满，未来可期。

确立目标，是开启成功模式的第一步

细心的朋友会发现，大多数成功人士的起点都是非常低的。这是为什么呢？古人云，生于忧患，死于安乐。成功人士在成功前，人生境况堪忧，为此他们常常对于现状不满意，也有足够的意志力和力量去打破人生的局限，改善人生的境遇。那些在生活中非常安逸舒适的人，对于改变人生的决心反而不大，为此常常会在人生中沉寂下来，带着得过且过的心。从更深层次的意义上来说，他们之所以出现这样的状态，也是因为他们缺乏目标，所以也就没有奋斗的状态。目标的激励和指引作用，往往能够激励人们以更加努力上进的姿态面对人生，也常常会使人在有了目的地之后，加速前进，努力前行。

从这个意义上来说，确立目标是开启成功模式的第一步。任何时候，都不要像无头苍蝇一样四处乱撞，否则，即使付出很多，坚持做了很多，也未必能够提升效率、获得更大的进步。我们只有确立人生的目标，把握人生的方向，如此才能有的放矢地向着目标前进，才能不断地提升和完善自己，让自己变得更加强大，越来越接近目标。

是否给自己确立目标，对于人生有很重要的意义。没有目标的人生就像是在漫无边际的大海上航行，最终很容易不知所踪。有目标的人生，即使遭遇海面上的狂风巨浪，也能够忍耐下去，继续前行。在这个世界上，没有人的人生是一帆风顺的，每个人在生命历程中都有可能遭遇各种坎坷挫折和磨难打击。唯有让心变得坚强，不忘初心，砥砺前行，才能无所畏惧，勇往直前，才能突破人生的坎坷和困境。

自从大学毕业进入职场，亚文的目标就是成为职场美强人，也把自己的拼搏和奋斗精神发扬光大。然而，亚文只是把这当成一个目标，她每天不但要完成工作，还要与朋友、同事一起吃饭、聊天、泡吧，哪里有时间去实现自己的目标呢！

转眼之间，一年多的时间过去，和亚文一起进入公司的新人，在工作上已经有了很大的进步和很好的表现，唯独亚文还在原地踏步。尤其是在公司年会上，有个新人还得到了新人最佳进步奖，亚文尽管对此表示不服气，但是想想自己在工作上的表现，她也知道自己还不如那个获奖的新人呢！至此，亚文想起自己最初步入职场时的豪言壮志，不由得感到很惭愧。当天晚上，又有同学邀请亚文一起去泡吧，亚文想了想，拒绝了邀请，而是回到家里，用一个晚上的时间制订了详细的目标与计划，并且下定决心当明日的太阳升起的时候，就要开始执行计划，再也不能有片刻拖延。

有再远大的目标，如果没有计划作为实现目标的保障，如果没有良好的自我约束力和管控能力作为执行计划的基础，那么梦想就会变成空想，目标就会变得遥遥无期。在人生的道路上，我们不仅需要以目标作为指引，也需要不断地激励自己努力前行。

目标，帮助我们迈出通往成功的第一步，也让我们在与目标博弈的过程中获得更多的收获和成长。目标，是我们人生的起点，也是人生的原点，只有不断地激励和提升自己，只有在目标的指引下继续前行，我们的人生才会绽放更多的光彩，我们的未来才真正值得期待。

分解目标，让目标具体可行

在制订目标的时候，有人贪大，觉得目标必须非常远大，才能对人生起到积极的指导作用，才能让人生变得更加高大上；有的人胆小，不敢一下子把目标订得太过远大，为此他们对于制订目标总是过于保守，制订的目标往往很轻松就能实现，为此无法对人生起到激励的作用。此外，还有些人对于目标常常非常被动，他们不知道如何实现目标，也不知道如何兑现目标，只是把目标当成口号来喊，这样的目标显然无法对人生起到积极的推动和促进作用，也常常会使人感到迷惘和不知所措。

目标固然要远大，要对人生起到积极的引导作用，但是也要以实际情况作为基础和依据，也要符合每个人自身的独特情况。当然，在制订远大的目标给人生指明方向之后，接下来我们要做的就是努力实现目标。毋庸置疑，若目标太远大，我们即使非常努力，也无法马上就到达理想的彼岸。人生，总是需要一些激励的，如果始终都在刻苦努力之后却没有结果，我们会感到身心俱疲，也会因为内心的惶恐不安而陷入焦虑紧张的状态中。在这样的情况下，就要学会分解目标。第一步是把远大的目标分解为中期目标，如三五年的人生目标，接下来是把中期目标分解为短期目标，如一年或者一个月的目标。短期目标应该是我们经过努力之后可以实现的目标，而不是即使非常努力也无法实现的，或者是轻轻松松就能达到的。只有在经过努力之后实现目标，我们才能受到鼓舞，才能从中得到力量。反之，如果不努力就能实现目标，或者即使努力了也无法实现目标，则我们渐渐地就会对目标感到懈怠，也就无法继续按照目标的指引前行。由此可见，划分目标其实是一门艺术，也是一门技术。只有不断地按照目标的指引努力向前，只有全力以赴做好该做的事情，只有一步一个脚印在人生中留下扎扎实实的印记，我们的人生才会更加绚烂多彩，我们的未来才会更加盛大绽放。

在以日本为主场的一场国际马拉松友谊赛上，获得冠军的人叫山田本一。在此之前，山田本一始终默默无闻，没有任何人关注或者留意到他。听说山田本一成为马拉松比赛的黑马，夺得了冠军，很多记者都闻讯赶来，想要询问山田本一是如何获胜的。没想到，山田本一却说：“凭着智慧取胜。”得到这个回答，记者们显然不满意。众所周知，跑马拉松需要耐力和毅力，甚至爆发力都不能让人们在比赛中获胜，智慧又与马拉松有什么关系呢？记者们以为山田本一在故弄玄虚，都很不以为然，也觉得山田本一获胜就是偶然事件。

几年之后，国际马拉松友谊赛在另一个国家举行，这次，山田本一又获得了冠军。这下子，人们对于山田本一的好奇更加强烈：如果说几年前山田本是打主场的，那么现在山田本一则是客场，为何还能取胜呢？依然有记者采访山田本一如何取胜，山田本一的回答一如既往：凭着智慧取胜。记者们还是不以为然，还是觉得山田本一在故弄玄虚，假装神秘。直到若干年后山田本一出版了自传，人们才从他的自传中了解到他是如何凭着智慧取胜的。原来，山田本一每次参加马拉松比赛之前，都会先亲自熟悉赛道，还会拿着纸笔把赛道上一定距离的标志物画下来。例如，道路两侧的红房子、超高地标性建筑、一个公园、一棵古树等，都会被山田本一用作标记物，并且牢牢记住。在跑步的过程中，山田本一会以这些标志物为自己的小小中点，每到到达一个中点，他都会感受到成功的喜悦，也会非常骄傲和自豪，从而继续充满力量地向前跑去。这样的方式把漫长的马拉松赛道划分为很多个短的赛道，山田本一在比赛的过程中可以始终都保持热情和活力。而其他的马拉松选手呢？一想到自己已经跑得很辛苦了，而目标却仍遥不可及，他们未免觉得很疲惫和沮丧，也就无法做到继续全力以赴地奔跑。正因为如此，山田本一才能凭着智慧取胜。

山田本一说得没错，他的确是凭着智慧取胜的，只不过那些记者不知道他所说的话是什么意思，才会对他不以为然。实际上，人生的目标也是如此。若目标过于远大，实现起来遥遥无期，就会让坚持努力的人产生深深的挫败感，也会导致他们不愿意继续努力向前。实际上对于人生而言，远大的目标固然是必不可少的，但我们也要学会把目标进行分解，让远大目标变成中期目标和短期目标。有些自律性很强的人，还会为自己制订一日计划等非常小的目标，从而指导自己在短暂时间内的言行举止，避免浪费时间、浪费生命。

当制订人生的远大目标之后，我们就要开始着手细分目标。在细分目标的时候，我们要注意以下几点：首先，人生始终处于不断发展的过程中，我们固然要有目标，但也不能因为目标而禁锢和限制自己，而要根据时代的发展、人生的进展及时调整目标。其次，不管是中期目标还是短期目标，都是为了实现远大目标服务的，为了避免人生道路有所偏移，在制订目标的过程中，我们要坚持中短期目标为长期目标服务的原则。

当然，关于短期目标，也许因为和远大目标相差甚远，所以看起来和远大目标之后未必有紧密的联系，但是内在的逻辑和服务的顺序是不会改变的。

不管如何制订目标，目标的目的和作用都是为实现人生的梦想服务。因此，目标可以一成不变，也可以顺势而变，但是制订目标的宗旨和原则不能变。每个人都有独属于自己的人生，也有与众不同的梦想和理想，不要害怕被别人嘲笑，正如马云所说的，被嘲笑的梦想才是真的梦想，被嘲笑的梦想也终有一天会让我们的人生闪闪发亮。在前进的道路上，我们一定要更加努力，执着前行，从而用梦想和目标照进现实。

清晰的目标给人坚持的力量

前文说了很多关于目标的解析，总体上都在告诉我们目标的重要性，也在告诉我们目标不但要符合实际情况，切实可行，还要适度远大、适度短暂，这样才能真正引导和激励人们朝着最终的人生目标奋进。只有不断地坚持进取，只有在人生成长的道路上努力前行，我们才能在面对目标的时候迸发出力量。当然，这样的话说到容易，做到很难。为了真正坚持实现目标，我们在制订目标之后，还要注意让目标变得更加清晰，这样才会在一想到目标的时候就浑身充满力量，才会在面对人生的各种境遇时始终坚持前行。

很多人对于目标都有误解，他们觉得是先有追求，才能到达一定的阶段、获得特定的成就，为此他们把成就作为目标。殊不知，这样的理解对于目标来说可谓本末倒置。因为目标不仅可以用来界定每个人在追求之后所获得的成果或者是阶段性胜利，而且在整个人生之中都起到至关重要的作用，都有引导的意义。先有目标，才有奋斗，目标越大，奋斗越有力量，目标越是清晰，奋斗越是事半功倍。从这个意义上来说，也可以把目标视为成功的动力，从而在目标的指引下开足马力向着目的地前进，哪怕遭遇坎坷泥泞和风雨也绝不放弃，而是始终坚持。当然，每个人都是这个世界上特立独行的生命个体，每个人的天赋和能力不同，后天的发展也相差迥异。在这样的情况下，我们不要因为看到别人的成功就盲目地学习别人，而是要笃定自己的心，对于人生有自己的理想和规划，从而制订属于自己的目标，也更加朝着目标努力奋进，全力以赴去做好该做的事情。

1952年7月4日的清晨，东方泛起鱼肚白，天才蒙蒙亮。在加利福尼亚海岸，查德威克正在做准备工作，准备从这里下海，从太平洋游到加州海岸。这个日子是查德威克很久之前就确定的，然而糟糕的是，天空中弥漫中浓重的雾气，能见度很差，天气也很阴冷，这让查德威克的心情也变得不那么好了。

既然是已经确定的事情，查德威克没有退缩，就这样顶着浓雾下到海水中。雾气很大，眼前一片白茫茫；海水很冷，似乎要刺穿骨头。在海水里，查德威克努力向前游动，既避免身体被冻僵，也为了提升速度。护送的船只一直跟在她的身后，但是她常常看不到船的轮廓。有一次，还有鲨鱼来到她的身边游动，枪声马上响起，把鲨鱼驱赶走。她一直在坚持着，努力地向前游去。时间一分一秒地过去，她越来越疲惫，觉得全身的力量都要被消耗完了。她要求上船，至此她已经游了整整15个小时，嘴唇都冻得哆嗦。她朝着护送的船发出讯号，要求上船。她当然知道从她下海的那一刻开始，电视台就在进行直播，也有无数的观众朋友正在电视机前看着她。但是她真的无法继续坚持下去了，哪怕母亲和教练都告诉她马上就要到达岸边，她看着眼前的浓雾丝毫无法找到岸边的踪迹，为此还是坚持要上船。当人们把瑟瑟发抖的她拉到船上，给她披上厚厚的毛毯，又给她端来一杯热饮，她才渐渐止住战栗。然而，她还没有把热饮喝完，就看到了海岸线。原来，母亲和教练说的是真的，她上船的时候其实已经距离海岸非常近了，也许只有半英里。她很懊丧，后悔自己没能坚持。

几个月后，她在一个晴朗的日子里再次发起挑战。这一次，她的视野很广阔，甚至在距离海岸很远的地方就依稀看到了海岸线。因此，她当机立断地朝着海岸线游过去，丝毫没有迟疑。比起上次挑战，她的这次挑战非常成功，只用了13个多小时就游到了对岸。从此之后，查德威克深切意识到明确目标的重要性。她再也没有因为看不到目标而放弃过。

对于每个人的人生而言，只有拥有目标，才能在目标的指引下努力进取。任何时候，目标都是人生的领航灯，也是人生在迷惘和困惑时力量的来源。一个目标清晰的人，总是充满动力、充满活力，而且充满毅力。即使遭遇人生中的各种挫折和磨难，他也绝不放弃，而是继续勇往直前，丝毫也不畏缩和退缩。

要想在人生的道路上走得更好，我们就要明确意识到目标的重要性，也要更加全方位思考，为自己制订清晰的目标。唯有如此，我们才能全力以赴地前行，才能在目标的指引下拥有收获丰实的人生。

第5章

心中有理想，行动上有为理想冒险的勇气

心中有理想，就像是在人生的远方为自己树立了标杆，但是要想实现目标，还要有向着标杆不断努力奋进的勇气，还要能够切实展开行动，一步一步地向着标杆迈进。否则，只有理想，却没有勇气付诸行动，却不想为了实现理想而冒险，理想就会渐渐地变成空想，甚至因为失去勇气和决断的滋养而彻底幻灭。

不管何时，努力总是没错的

现实生活中，很多人都会感到困惑，我明明已经很努力了呀，为何却没有获得成功呢？为何还是距离梦想这么遥远呢？的确，你已经努力了，但是你努力的程度还不够，你坚持的时间还不够长，所以你尽管努力，却还没有如愿以偿地得到自己理想的结果。接下来，你需要做的不是质疑自己努力的程度，也不是怀疑自己是否需要继续努力，而是应该继续坚定不移地努力。只要方向没有错，任何时候，努力总是没错的。你只有更努力，才能全力以赴地做好自己，也只有更努力，才能提升和完善自己。古今中外，有很多伟大的人之所以能够获得成功，并不是因为他们有独特的天赋，也不是因为他们得到命运的青睐，而是因为他们在成长的过程中面对失败怀有坚韧不拔的态度。所谓成功，就是比失败更多一次尝试和努力，因此真正的成功者总是能够坦然面对失败，并在失败之后积极地反省自我，认识到自己的优势和不足，从而取长补短，扬长避短，有的放矢地提升和完善自己。

很多人都知道《南辕北辙》的故事。在故事里，那个要出门远行的人选择了错误的方向，所以虽然他带足了盘缠，有一个好车夫，也有坚固的马车，但是这些原本有利的条件在错误的方向之下全都变成了不利条件。因此，只有在保证方向正确的情况下，我们才要全力以赴地去做好很多事情，才要绝不放弃地去坚持和进取。

物理学上，有人提出量变引起质变，这个原理也告诉我们很多事情要想发展和变化，就必须先进行量的积累。的确，世界上的万事万物不管是变好还是变坏，都需要经历这样的过程。其实，这对我们而言反而是好事情，虽然努力获得成功变得艰难，但是有一些坏事情的发生也就不会那么猝不及防。所以，虽然成功来得更慢，但失败也来得更加缓慢而又从容。凡事皆有两面性，只要我们换一个角度看待问题，就会得到截然不同的感受和结论。当然，面对人生中的很多事情，我们也只有需要摆正心态，才能做得更好。尤其需要注意的是，成功者只为成功找方法，而不为失败找借口。作为努力上进的人，我们也要踩着失败的阶梯不断进取，从而让自己的生命绽放出与众不同的光彩。

现实生活中，总有年轻人对自己的现状不满意，也总是抱怨连天。他们或者抱怨自己没有马云当爸爸，或者抱怨自己没有出生在出英雄的乱世，或者抱怨自己的人生黯淡无光。不得不说，这样的抱怨对于解决问题、改变命运没有任何好处。

人，总是生而不平等的，有的人一出生就含着金汤匙，有的人出生在贫穷人家之中，人生的起点很低，哪怕特别努力也未必能够达到他人一出生就拥有的高度。难道因为如此，就要放弃吗？当然不是。越是如此，越是要理性慎重，越是要全力以赴经营好人生，越是要不遗余力去努力、去奋斗，这才是最重要的。

努力的意义在哪里，很多人对于这个问题都不太了解和明晰。努力，不是为了一蹴而就获得成功，不是为了证明自己到底行还是不行，而是不断地积累，把那些对于生命有利的因素都集合起来，这样才能积少成多，聚沙成塔，才能由量变引起质变。当然，不是每一次努力都有收获，也不是每一个努力的人最终都能获得自己梦寐以求的人生。世界以痛吻我，我却报之以歌。除了要继续努力之外，我们还能在生命历程中做什么、收获什么呢？归根结底，我们要有自己的人生，不能一味地停留在原地，更不能只顾着模仿别人。只有活出独属于自己的精彩，才是真正的成功，也只有把自己活得与众不同，未来才能绚烂绽放。

记住，努力的目的不是和所有人都争出个胜负输赢，而是在与自己比较的过程中不断地超越自己、持续地进取，这样我们的人生才会更加负重前行。人生从来不轻松，更不会顺心如意，面对人生的困厄，与其一味地沉沦其中，怨天怨地，不如调整好自己的心态，让自己更加全力以赴地去做好该做的事情。古人云，有心栽花花不成，无心插柳柳成荫。也许有一天，努力结出的花果就会在我们的生命中漫不经心地绽放，给我们意外的惊喜和收获。

要想不辜负自己，就要坚持下去

常言道，万事开头难，实际上真正难的不是开头，而是最后。很多事情，有了开头之后，其发展总是带有一定的自发性，那就不是我们所能掌控的了。在这种情况下，我们不仅要尽人事知天命，更要在艰难的时刻勇敢地坚持下去。这个世界上从未有一蹴而就的成功，也不会有天上掉馅饼的好事情。因此，我们要想活出独属于自己的精彩，要想不辜负自己，就要继续坚持下去，让生命绽放出异样的光彩。山重水复疑无路，柳暗花明又一村，有的时候我们明明已经非常努力，现实却总是不让我们如意。更多的时候，我们已经在坚持进取，绝不放弃，命运却还是在和我们开残酷的玩笑。然而，任何时候，都不要辜负自己，面对残酷的命运之手，面对无奈的现实，我们一定要激发起内心的力量，如此才能全力以赴做到最好，才能对得起自己的理想和志向。

这个时代瞬息万变，发展神速。我们固然要跟随时代的脚步顺势而为，却也要把握合适的度。一个人的心思若过于灵活，他就会失去坚守。一个人的内心若过于随风而变，他就无法让根扎入泥土。因此在固执和灵活之间，我们要把握好合适的度，这样才能适度坚持，适度改变，每时每刻都对人生保持恰到好处的姿态。当然，这里所说的是通常情况下。如果情况特殊，如果某一件事情要求我们必须坚持，那么我们要做的是，进行一次傻瓜式的坚持，哪怕被人说是固执，也绝不放弃，而是继续努力向前，无所畏惧。

喜欢登山的人都知道，珠穆朗玛峰是举世闻名的最高峰，在每一个真正热爱登山之人的心目中，珠穆朗玛峰是如同神迹一般地存在，那么高不可攀，又几乎每时每刻都在对人们发出召唤。很多登山者在征服珠穆朗玛峰的过程中都失去了宝贵的生命，与神山融为一体。他们就这样消失在世界上，因为珠穆朗玛峰人迹罕至，所以他们甚至没有机会被人发现。即便如此，也还是有很多登山者前仆后继，他们在登山过程中遇到前辈的遗体，总是肃然起敬，充满敬畏。然后，他们继续无所畏惧地向前，只为征服这座高山。据不完全统计，如今已经有几百人葬身于珠穆朗玛峰的冰川之中。即使面对这个数据，也仍有无数登山者奋不顾身地勇往直前、前仆后继。不喜欢登山的人，觉得这样疯狂的行为是在拿生命开玩笑，喜欢登山的人却知道，这是心中的执念，这是宁愿付出生命为代价也绝不放弃的坚持。

面对人生，我们何尝不需要这样傻瓜式的登山精神呢？唯有不断地努力向前，无所畏惧地勇敢前进，也唯有这样即使付出巨大的代价也绝不屈服的精神，我们才能在短暂的生命中做出点儿什么，才能闹出点儿响动来让别人刮目相看。我们不是要当真正的傻瓜，我们只是要在想好很多事情之后，成为一个聪明的傻瓜，成为一个很清楚自己正在做什么的傻瓜。这才是最重要的。

人人都知道京剧大师梅兰芳在艺术上的极高造诣，却很少有人知道，出生在京剧世家的梅兰芳，小时候去学习京剧，被老师评价为“不适合唱京剧”。老师为何这么说呢？原来，梅兰芳从小就身体羸弱，而且眼睛近视。为此，他的眼神黯淡无光、眼皮下垂，每当有风吹过的时候，他总是爱流泪，看东西的时候眼神也很呆滞，眼珠子转动不灵活。要知道，从事京剧表演的人化着浓妆在舞台上，就需要靠身姿步态和眼神来传情达意，与观众交流。为此，老师才会断言梅兰芳不适合吃演员这碗饭。一个偶然的机会，梅兰芳听说养鸽子可以锻炼眼神，让眼神灵活敏锐，于是，他当机立断开始养鸽子。

一开始，梅兰芳只养育了几对鸽子，在对鸽子的生活习性等都有了深入了解之后，梅兰芳才开始大批量养鸽子。当然，要想用鸽子锻炼眼神，让鸽子飞得看不见影子是不行的。为了训练好鸽子，梅兰芳特意准备了一根长竹竿，并且在竹竿的一端系上红绸带。每次，他只要一挥红色绸带，鸽子就会起飞。等到需要鸽子降低高度的时候，他又会在竹竿上系绿色绸带。日久天长，鸽子很熟悉梅兰芳的指示，为此总是根据梅兰芳的指令行动。每天清晨，梅兰芳都早早起床侍弄鸽子，再把鸽子分批次放入天空中。他的眼睛总是跟着鸽子在转动，紧紧地盯着鸽子。随着鸽子在盘旋，他的眼珠也变得越来越生动灵活，而且眼神越发犀利。渐渐地，梅兰芳的眼皮不再下垂，见风流泪的毛病也好了。等到梅兰芳再去拜师的时候，老师大吃一惊，因为他眼前的梅兰芳眼睛神采奕奕，就像要说话一样。

后来，梅兰芳经过勤学苦练走上京剧的艺术舞台，他之所以能够得到戏迷们的喜爱，一则是因为他唱腔好；二则也是因为他的眼睛炯炯有神，甚至比语言更有力量。

在被老师断言不适合唱京剧的时候，如果梅兰芳轻而易举地放弃了自己的梦想，也没有通过养鸽子放鸽子的方式锻炼自己的眼神，那么他后来也就不可能成为京剧大师。正是因为对于梦想的执着坚持，正是因为始终在坚持以喂养鸽子的方式锻炼自己的眼神，梅兰芳才会最终战胜自己的劣势，弥补自己的不足，从而在京剧表演的道路上走向巅峰。

人固然要有自知之明，但更要有自信。一个人如果自己都不相信自己，还能奢望得到谁的信任和托付呢？所谓不忘初心，方得始终。在人生的道路上，我们固然会受到外部很多人和事情的影响，但我们也要坚持笃定的内心，这样才能从容不迫地活出自己最想要的精彩人生。

敢于冒险，人生充满无限可能

在人生之中，我们常常会面临很多的危险，也需要作出让自己感到很紧张的抉择。由此，我们可以说人生是由一个个选择组成的，因为不管是成功还是失败，都是选择的结果。要想拥有从容的人生，我们就要在面对人生的时候作出理性的决断，而不要总是患得患失、犹豫不决。要知道，既然是选择，就要承担风险，尤其是很多事情并没有先前的经验可以借鉴，在这样的情况下，就更是要理性思考、全面衡量，从而在打定主意之后勇往无前地去做。这样的人生，才会充满无限的可能性，才会精彩绝妙。

很多人都胆小，他们不愿意承担人生的风险，害怕因此而陷入人生的旋涡和困境之中无法自拔。实际上，喜欢炒股的朋友都知道，风险总是无处不在的，有的时候，更高的收益一定伴随着更高的风险，这个世界上绝对稳妥的事情根本没有。所以我们要做的不是躲避风险，而是要调整好自己的心态，让自己勇敢接纳生命本来的样子，也从容不迫地面对人生、悦纳人生。

曾经有一位名人说，每个人最大的敌人就是自己。这是因为人们往往会因为主观意识的局限性而陷入自我认知的误区，也无法主动自发地调整好心态。面对人生各种的困境，人难免会有趋利避害的本能，如果任由这种本能发挥，人生就会止步不前。也有很多人抱怨人生一成不变，其实，一成不变不是由命运决定的，而是由人的心态决定的。只有敢于冒险的人，才能给予人生无限的可能性，也因为敢想敢干，他们就像是人生的鼓手一样，始终都行走在人生的前列。

塞伦盖蒂大草原位于辽阔的非洲，每到夏天的时候，非洲干旱少雨，塞伦盖蒂大草原也会陷入干旱少雨的状态，因此原本生活在塞伦盖蒂大草原的角马，就没有足够的水源可以饮用。为了生存，它们不得不长途迁徙，奔赴马塞马拉湿地。马塞马拉湿地与塞伦盖蒂大草原相距遥远，角马必须长途奔袭。在这个迁移过程中，它们唯一经过的水源就是格鲁美地河，除此之外，它们只能忍受干旱。对于角马而言，格鲁美地河就像是它们行程中的驿站，可以帮助它们补充身体所缺的水分。然而，格鲁美地河可不像名字听起来这么美，它是水源地，但它不仅是角马的水源地，也是其他各种生物赖以生存的水源地。为此，格鲁美地河有很多大型凶猛食肉动物，水里还会有鳄鱼悄无声息地潜伏者。

在靠近格鲁美地河的时候，有些胆怯的角马害怕危险，选择不去喝水，于是，没有得到水分补充的它们在继续前行的过程中都被渴死。而有些角马胆量比较大，也明白不喝水是必死无疑，喝水也许还能得到活路。为此，它们冒着生命危险去河边喝水，它们快速果断，很快就把自己喝饱了。然后，它们飞速离开河边，奔向马塞马拉湿地。

不同的角马有不同的选择，前者选择远离危险，却也失去了生机。后者选择冒险，只要很小心、很快速，就能大大增加成功求生的概率。在现实生活中，我们也和角马一样常常需要冒险，如果为了躲避危险、拒绝失败而把成功的可能性也完全抹除，那么就会彻底与成功绝缘。做人，不能因噎废食，不管是面对从未经历过的事情，还是面对曾经遭遇过失败打击的事情，我们都要更加努力进取，勇敢无畏地去尝试，去做到最好。

现代社会，竞争如此激烈，如果一个人在面对人生的时候总是故步自封，甚至把自己当成套中人一样藏起来，不愿意面对真实的生活，那么他就会失去很多的机会，也会导致自己的成长处于停滞的状态。记住，没有风险就没有收益，不会冒险的人也永远不可能获得举世瞩目的成功。若你破釜沉舟，放手一搏，你的人生一定会绽放异样的光彩，你的未来也一定会呈现出与众不同的精彩！

你要成功，就能成功

想成功和要成功有什么区别？有人觉得想成功和要成功没有区别，实际上，这两者之间有着天壤之别。想成功的人往往只是想一想而已，因此即使想了，现实也没有太大的改观。而要成功的人不但想了，而且非常努力地去做了。他们面对成功有着强烈的欲望，也始终都在督促自己向着成功勇敢无畏地前行。在这样的过程中，可想而知，要成功的人会比仅仅想成功的人前进一大步，因为他们很清楚自己想要什么，也很清楚自己的心所指向的方向。

现实生活中，很多人都在重复着同样的生活，那就是晚上想想千条路，早晨醒来走老路。这是因为他们对于人生有着很多的渴望和憧憬，因此每当夜晚到来的时候就会满心欢喜，对于人生展开无穷的想象力。想一想比真的去做简单太多，等到次日的朝阳升起，到了他们要把无数幻想变成现实的时刻，他们突然间就退却了。有的人就像寒号鸟一样安慰自己“明天就垒窝”，有的人索性直截了当地告诉自己“瞎想什么，日子还不是一样地过”，还有的人会自欺欺人地说“成功者都是有后台的，可轮不到我们这样一穷二白没有背景的人”……就这样，他们以各种理由和借口为自己开脱，安慰自己把日子继续这样过下去。这样的人就是典型的想成功，而不是真的要成功。

要成功的人哪怕面对很多的困难，也能够激励自己绝不放弃，勇往直前去战胜困难；哪怕会遭到他人的阻碍和阻挠，他们只要想好了如何去做，就会坚定不移地成为行动者；有的时候，在奔赴成功的道路上难免要忍受孤独，但是他们绝不畏缩，而是相信“冬天已经来了，春天还会远吗”……总而言之，他们告诉自己必须努力、必须成功，也必须不惜一切代价获得成功。

常言道，世上事就怕认真二字。每个人不管面对多么艰难的任务，不管需要经营好多么艰难的处境，都必须努力认真，这样才能改变境遇。如果轻而易举就放弃了，成功不会从天而降；如果面对困难只想往后缩，甚至得不到好运气的青睐。正如一首歌里所唱的，“爱拼才会赢”，对于成功怀着坚定不移的信心和绝不屈服的信念，何尝不是一种拼搏呢？

秦朝末年，秦国的大将军章邯率领大军把赵军围困在巨鹿，让赵军根本没有突围的可能。赵王担心赵国有灭顶之灾，为此派人向楚国求救。楚王知道唇亡齿寒的道理，为此任命宋义为上将军，项羽为次将军，然后让他们一起率兵赶往巨鹿，解救赵国。然而，宋义是个贪生怕死之辈，才到了半路上，就安营扎寨，不再前行。他每天都花天酒地，贪图享乐，而随着驻扎的时间越来越长，将士们缺衣少食，生存艰难。这个时候，项羽怒不可遏，杀死宋义，自命为上将军，率领部队马上奔赴巨鹿。到达漳河后，项羽先是派出精锐小分队切断秦军的粮草供给，接着亲自率领队伍渡过漳河。

项羽深知章邯不是那么容易战胜的，而且章邯率领着那么多的将士。因此，过河之后，项羽下令将士们凿穿过河用的船，烧掉安营扎寨用的帐篷，打碎做饭用的锅灶，然后只给每个将士发下三天的口粮。看到项羽的举动，将士们心知肚明，项羽是下定决心要与秦军拼死，而绝不给任何人留下任何退路。为此，全体将士都奋不顾身，在战斗中抱着必死的信念，以一当十，与秦军决一死战。在接连对秦军发起九次进攻之后，项羽终于打败章邯，让秦军溃不成军。巨鹿之战，让秦军元气大伤，也为秦朝几年后的彻底覆灭奠定了基础。

项羽没有对将士们进行战前动员，而是以破釜沉舟的方式向将士们表明决心，告诉将士们此一战必然有去无回，只能打败秦军，而绝不能失败。在看到项羽一定要获胜的决心之后，全体将士也都奋不顾身、浴血奋战，所以才能打败兵力强大的秦军。从巨鹿之战我们可以看出，当一个人意念坚定地要完成一件事情的时候，他所爆发出来的力量将会多么强大和不可战胜，他的潜能足以创造奇迹。

人生中，每个人都会遇到各种各样的挑战，有些挑战是我们所经历过的，虽然难度很大，但是可以做到心中有数；有些挑战对于我们来说是全新的，是完全陌生的，为此我们不知道自己在努力尝试之后会得到怎样的结果。很多人之所以胆小怯懦，正是因为他们对于未知怀着深深的恐惧。若一个人能够战胜心中的恐惧，也可以全力以赴做好自己该做的事情，拼尽全力绝不退缩，那么他的能量就会是巨大的。很多时候，我们需要对自己狠心一点，才能在人生的道路上破釜沉舟、勇往直前！

忍耐，绝不投降

常言道，忍字头上一把刀。常言又道，小不忍则乱大谋。在儒家思想的影响下，很多人都会认识到忍耐的重要作用，也常常把忍耐奉行为人生的道理。实际上，很多人对于忍耐的理解都错误了，他们误以为忍耐就是无奈地接受和痛苦地面对，也以为忍耐是没有办法的办法。其实，忍耐不是这么被动作出的选择，而是一个人在经过深思熟虑之后采取的为人处世之道。

自古以来，人们就把忍耐的品质看得很重要，如美玉要想有完美的形状，就要经过无数次雕琢和打磨；河蚌要想孕育出珍珠，就要不断地用柔软的身体与粗糙的沙砾摩擦，也要用分泌物包裹沙砾，这样才能渐渐地减少痛苦。人生也常常会有各种各样的不如意和痛苦磨难，在这种情况下，不要一味地抱怨命运，而是要学会接纳和包容，学会忍耐，这样才能调整好自己的心态，更好地处理好一切。否则，如果有小小的挫折就马上放弃，或者让自己陷入沮丧和绝望的情绪中，提不起来兴致，最终则会导致自己非常被动，也会使得人生磕磕绊绊，很不顺利。

每个人都在与命运进行一场博弈。能够战胜命运的人，成为命运的主宰，可以与命运一较高低，不能战胜命运的人，则被命运玩弄，最终不得不向着命运缴械投降。任何时候，我们都要更加全力以赴地经营好命运，绝不放弃和妥协，坚持不懈、奋勇向前，最终我们会成为自己的上帝，成为人生的神。在成长历程中，我们一定要坚持不懈，也要绝不迟疑、勇敢向前。越是在艰难坎坷的境遇中，我们越是要坚持做到最好，有的时候，咬紧牙关熬下去，接下来就是坦途。所谓山重水复疑无路，柳暗花明又一村，都属于真正的人生强者。

作为一名高中生，晓雪不止一次听到前辈的忠告：不要把兴趣当专业，不要选择兴趣作为专业，不要掉入兴趣的大坑！第一次听到这句话，晓雪还感到纳闷：人，不是应该遵从内心的喜好作出选择吗？后来，晓雪看到很多的前辈因为选错专业，步入社会之后才发现兴趣不能当饭吃，为此懊悔不已。然而，即便看多了这样的事情，即便想清楚了很多道理，她也还是义无反顾地选择了自己最喜欢的绘画专业。天知道，在她正式填报高考志愿之前，父母恨不得把刀架在她的脖子上，让她选择其他的热门专业。这是因为虽然晓雪很喜欢画画，但是她的学习成绩非常好，不像很多艺术特长生一样文化课成绩拿不出手。因此，爸爸妈妈一致认为晓雪选择学习画画真是大材小用，可惜了她的好成绩。

晓雪如愿以偿地考入美术学院，然而，在这里，很多同学在绘画方面都有天赋，这让仅凭着兴趣就一头扎入绘画之中的晓雪显得越发平庸。有的同学甚至劝说晓雪不要再画画，趁早转入其他系去学习，就连老师也说晓雪没有绘画的天赋，但是晓雪从不气馁，她非常勤奋，对于绘画的基本功，别人练习十次八次，她就练习二三十次。总而言之，她付出了比别人加倍的努力，终于缩短了与同学的差距。就这样上到大三，原本在绘画方面表现平平的晓雪，凭着对于绘画执着的热爱，终于爆发了。晓雪对于绘画有着独特的审美，她的绘画作品看似拙朴，实际上在拙朴中带着灵性，带着与众不同。最终，她的作品是班级里最早被别人购买的，即使是用作装饰画，也意味着晓雪的作品上升了一个档次。大学毕业后，晓雪进入一家设计公司工作，为客户设计居室、办公室，得到了很多客户的好评。而她在谋求生存的同时，始终坚持绘画，常常去郊外采风。相信经过时间的沉淀和历练，晓雪的绘画作品一定会有更大程度的提升和进步。

如果晓雪当初面对众人的否定和质疑，就这样放弃了，甚至在考大学的时候就放弃学习艺术专业，那么晓雪就无缘做自己喜欢的事情。很多职场人士都说，一个人最大的幸福之一就是可以以兴趣为工作。的确，兴趣是最好的老师，在兴趣的指引下，我们会爆发出更大的力量，也可以在兴趣的指导下提升自己的能力，把很多事情都做到更好。当然，即使有兴趣作为前提条件，很多事情也未必会一蹴而就，在把兴趣作为人生的重要选择之一，并树立目标——要在从事喜欢的事情时获得成功之后，我们就会感到兴趣同样会使人感受到压力。但是，既然是感兴趣的事情，就不能轻易放弃，也不能随随便便地半途而废。

在这个世界上，做什么事情是容易的呢？既然做什么事情都不容易，既然人生总是会遭遇各种坎坷和困境，我们就要学会坦然面对。在勇敢面对的同时，选择忍耐，选择主动积极地应对和处理好很多事情，选择把事情做到最好，这是很重要的。记住，所有优秀的人都不是天生优秀，只有不断地积累、努力地进取，才能一步一步地前行，才能做到更好。如果总是轻而易举就向着现实投降，则进步就会变得很困难。坚持到底，主动忍耐，要相信那些无法打倒你的一切，都会变成你生命中最熠熠闪光的存在。

毛遂自荐，未尝不可

常言道，千里马常有，而伯乐不常有。在这个世界上，有很多的千里马，却只有一个伯乐。众多的千里马都在等着伯乐来赏识自己，却不知道伯乐并没有那么多的时间和精力看到每一匹千里马。有些千里马一生之中都在被动地等待，却没有遇到伯乐，或者错过了伯乐，导致一生之中都郁郁不得志。而有些千里马不但等待伯乐赏识，也会自发主动地展示自己，寻找伯乐，争取得到伯乐的赏识。实际上，每个人都是一匹千里马，要想尽情展示自己，让自己得到更好的成长和发展，也为了增加自己得到伯乐赏识的机会，首先要充当自己的伯乐，这样才能客观认知和评价自己，才能知道自己的优势和长处，认清楚自己的缺点和不足，从而做到在人生之中扬长避短、取长补短。

现实生活中，有些人把自己看得很高，因而狂妄自大，也有很多人把自己看得很低，为此妄自菲薄。只有客观公正地认知自己，才能最大限度发挥自身的潜力，才能更加精彩地呈现自己，让自己得到他人的认可和赏识。当伯乐眼中的千里马太多而无暇看到你的时候，当伯乐因为忙着做其他事情而根本没有意识去欣赏你的时候，你不如主动推荐自己给伯乐认识，为自己争取到更多的机会和更大的可能性。人人都想得到机会，也有很多人抱怨自己从未得到过机会。实际上，机会不会从天而降，与其被动地等待机会，不如主动地创造机会，也尽最大的可能抓住机会，这才是最重要且最关键的。任何时候，人生都没有回头路可以走，人生是漫长的，也是短暂的，需要每个人都认真慎重地对待。我们必须积极理性地面对人生，也必须全力以赴地经营好人生。人生之中，既会有繁华，也会有落寞和孤独的时刻，当自己的伯乐，在落寞的时候与自己相处，在需要机会的时候创造机会，或者主动抓住机会，这才是最重要且最关键的。

当然，要想证明自己，并不是一件简单容易的事情，也不是随便说说就可以做到的。除了语言上的自我展示之外，我们更重要的是用实际行动证明自己的能力，证明自己的实力。是鹰，就要展翅翱翔，高高地飞翔在天空之中，是龙，就要能够腾云驾雾。每个人都要全力以赴经营好人生，都要最大限度激发自身的力量，才能够让自己足够优秀，才能够配得上伯乐的赏识与认可。尤其是在把自己推销给别人的时候，我们更是要足够自信，把被动消极的等待转化为积极主动的出击，这样才能毛遂自荐，为自己赢得更多的机会，为自己赢得更加辽阔的舞台。

战国末期，秦国的军队把赵国紧紧围困起来，赵王被困在都城邯郸，眼看着就要身死国破。赵王意识到情况的危急，却无力自救，思来想去，只好把希望寄托在其他国家身上。他最先想到了楚国，因为赵国和楚国是唇齿相依的关系，于是赵王派出平原君当使者，前去说服楚王，想让楚王认识到唇亡齿寒的道理，从而对赵国伸出援手。

平原君当然知道自己此次出使楚国责任重大，甚至关系到国家的危亡。为此，他决定从门客中挑选出来20个足智多谋的人，和他一起出使楚国，拼尽全力说服楚王。平日里，平原君门客众多，但是到了这样的关键时刻，平原君精挑细选，只选出来19名门客。剩下的门客之中，无论怎么用心挑选，似乎都没有可以带到楚国的人才。为此，平原君感到很着急。正在此时，有个叫毛遂的人来拜访平原君，对平原君说："平原君，我愿意和您一起出使楚国，解救赵国的危机。"平原君不以为然："你到我门下有多长时间了？"毛遂说："三年。"平原君情不自禁地皱起眉头："你到我的门下都三年了，按说时间已经不短了，但是我为何从未留意到你呢！人才就像装在布袋子里的钉子，如果才华横溢，总是能够刺破布袋子钻出来。你已经在我这里三年，却从未有过特别的才华展示。我这次前往楚国进行游说，关系到赵国的危亡，必须挑选最有才华的人同往，你不是最佳的人选。"听了平原君对自己的否定，毛遂不急也不恼，而是继续气定神闲地对平原君说："钉子要从布袋子里钻出来，首先要被装入布袋子。您未曾把我装入布袋子，怎么知道我不会从里面钻出来呢？”平原君听了毛遂的话，又看到毛遂如此自信和从容，转念想道：“反正还缺一个人，一时之间也没有合适的人选，不如就带着他去充数吧！”就这样，毛遂被作为滥竽充数的人选，跟随平原君一起来到楚国。

平原君深知赵国的危亡就在旦夕之间，为此一到楚国就拜见楚王。楚王只和平原君见面，为此那些门客都被留在大堂之下。眼看着平原君从清晨见到楚王就开始游说楚王，此时此刻时间已经过去了大半天，都到中午了，仍没有结果，20个门客在大堂之下全都急得如同热锅上的蚂蚁一样团团乱转，但是全都想不出有效的办法帮助平原君。这个时候，毛遂三步并作两步，不顾侍卫的阻挡闯入大堂。毛遂对楚王说：“是否出兵解救赵国，根本不需要犹豫和纠结，局势很险峻，道理很明朗。为何谈了这么久，却始终没有结果呢？”看到毛遂如此无礼，楚王很生气，质问毛遂：“你是谁？”平原君告诉楚王：“大王，毛遂是我的随从。”楚王呵斥毛遂：“我在和你的主人说话，没有你说话的分儿！”毛遂生气地说：“大王，我现在只需要几步就可以到达你的身旁，把刀架在你的脖子上，即使楚国国力强盛，你有很多随从，也没有办法！”楚王自知毛遂说的是真的，为此当即噤声。这个时候，毛遂慷慨陈词，说出很多的道理，楚王认为毛遂说得确凿，因此当即答应出兵援助赵国，并且与平原君签订了协议。后来，平原君回到楚国，对毛遂委以重任。

和其他门客只能在大堂之下急得团团转不同，毛遂有胆识、有魄力，敢于仗剑直接冲上大堂。正因为如此，毛遂才能迫使楚王下定决心援助赵国，与平原君签订合约。也正因为如此，毛遂在平原君面前证明了自己的实力和能力，获得了平原君的信任和重用。

人生之中，需要各种机遇，这样我们才能抓住机遇做好很多事情。在没有机遇的时候，我们除了被动地等待机遇降临之外，还可以主动地创造机遇。生活中，很多人都自恃有才华，却又觉得自己没有好运气。这种情况下，与其一味地抱怨，不如为自己创造机遇，推销出自己，这样才能赢得更多的好时机，才能获得更大的人生舞台。人生是非常精彩的，我们一定要激发自身潜力，这样才能在成长地道路上越走越远，才能最终到达人生的巅峰，拥有与众不同、精彩绝伦的人生！

敢于吃苦，才能品尝到甘甜

很多人都曾经想过，如果人生中只有甜蜜，而没有苦涩，那该多么好！的确，生活永远甜如蜜，这是每个人心底里最深的渴望和最迫切的愿景。然而，理想是丰满的，现实是骨感的；希望如同鲜花一般娇艳，现实则要求我们必须如同野草一般顽强，才能不惧怕生活的打击。人生不如意十之八九，在现实生活中，苦涩往往比甜蜜更多，为此我们一定要端正心态，以积极的心面对生活，渡过生活中的艰难和坎坷，从而苦尽甘来，赢得生活的甜蜜与幸福。

任何时候，我们都要敢于吃苦，也要勇于吃苦。在很多地方，人们会给刚刚降临人世的新生儿吃大黄。大黄很苦涩，可以入中药，为何要给新生儿吃呢？其实，就是为了告诉小生命先苦后甜的道理。在给小生命吃完大黄之后，还会给他喝甘草汁。和大黄相比，甘草汁是很甜的。这样的先苦后甜，蕴含着深刻的人生哲理，也是有利于孩子成长的。

常言道，甘蔗没有两头甜，人生也是如此。如果人生注定要吃苦和享福，那么不如把吃苦放在前面。吃苦在前，可以给人生奠定坚实的基础，享乐在后，可以让人在晚年的时候更加享福。反之，如果把先苦后甜的顺序颠倒了，就会变成“少壮不努力，老大徒伤悲”。可想而知，年轻的时候不知道努力，等到年老了，无力拼搏，却没有福气可享，不得不拖着老迈的身体去打拼，这样的境遇该有多么糟糕。现代社会中，有很多年轻人都缺乏吃苦的精神，他们从小在父母的精心呵护下成长，既不知道生活的艰辛，也缺乏坚韧不拔的品质。因此，等到有朝一日走上社会，需要独立支撑起纷繁复杂的人生时，他们难免会感到彷徨无助，也会因为内心脆弱而导致很容易受到伤害，很容易知难而退。人生，能退到哪里去呢？只要活着，总是要面对和承受，无处可逃，也不能逃。

苦难是人生的一所学校。只有从苦难的学校里毕业，我们才能更加快速地成长，让自己的内心变得更加坚强，让人生始终努力向上。反之，如果我们总是在生命历程中怀疑自己的能力，也不想拼尽全力勇往直前，则渐渐地，我们就会越来越畏缩，对于原本通过努力可以做好的事情也会产生抵触心理，止步不前。殊不知，人生从来不会顺遂如意，任何时候，我们都要做好在人生中吃苦的准备。当然，吃苦只是人生的必备能力之一，人生要想有所进步，获得成功，还要具备其他方面的能力。通往成功的道路千千万万条，但绝没有捷径，也不可能一帆风顺。任何时候，我们都要吃苦在前，享乐在后，激发所有力量把该做事的事情努力做好，这样才会得到人生的馈赠。

作为台湾大名鼎鼎的塑料大王，王永庆小时候家里特别穷，那么他是如何一步一步成为举世闻名的塑料大王的呢？在家里，王永庆排行老大，因此他从小就很懂事，总是主动帮助爸爸妈妈做家务，减轻爸爸妈妈的负担。因为家里没有钱供养王永庆读书，所以他小学毕业就去了一家店当学徒。才一年多的时间，机灵的王永庆对于生意经就了然于胸，父亲看出来王永庆有做生意的潜质，因此借遍了亲戚朋友，为王永庆筹集到资金开了一家米店。在当时，因为没有足够多的钱作为本钱，王永庆的店面位置很偏僻，门脸也很小，再加上同一条街道上已经有很多家米店了，王永庆开张不利，生意惨淡。后来，王永庆发动家里人先把大米里的砂子拣干净再出售，这样一来家庭主妇在做饭的时候再也不需要一遍又一遍地淘米，不但节省了时间，也最大限度保留了大米里的营养。因此，很多家庭主妇都愿意去王永庆的米店里购买大米。

随着经营越来越好，王永庆还建立了客户档案。他知道客户每次买了多少米，大概到什么日子吃完，也知道客户什么时候领取薪水，届时再上门收回卖大米的钱。王永庆还提供送米上门的服务，他不仅会把大米送到客户的家里，而且会帮助客户把米缸里的陈米拿出来，先把新米倒入米缸里，再倒入陈米。这样一来，客户就可以先吃陈米，再吃新米。因为服务很用心，王永庆得到了客户的一致好评。后来，王永庆积攒了一些钱，不但租下来一个更大的店铺，而且利用店铺的后院为客户碾米。吃得苦中苦，方为人上人，正是这样一步一步努力向前，王永庆才能把事业做大。

在如今的职场上，有太多人都会犯眼高手低的错误——对于自己评估过高，在做事情的时候，却把事情做得很糟糕。因此，他们不但给他人留下了糟糕的印象，也令自己的信心受到打击。人生从来不是一蹴而就的，不管理想和志向多么远大，总是要脚踏实地坚持前行，才能一步一个脚印地到达人生的巅峰。所谓欲速则不达，正是告诉我们人生很多时候快就是慢，慢就是快，只有主动吃苦，甘于吃苦，并吃苦在前，我们在人生之中才会有更好的表现。

古人云，天将降大任于斯人也，必先苦其心志，劳其筋骨，饿其体肤，空乏其身，行拂乱其所为，所以动心忍性，曾益其所不能。要想变得更加坚强，更加强大，就要以苦难来打磨自己，让人生变得充实而精彩，让人生在吃苦之后获得珍贵的甜。

第6章

主动作出选择，打好命运给你的烂牌

坐在人生的牌局上，当你一不小心抓到一手烂牌时，你该怎么办？你是把牌丢下不打，彻底认输，连尝试也不想尝试，还是要努力思考如何才能把这一手烂牌打得更精彩呢？显而易见，前一个选择看似避免了失败，实际上一败涂地。后一个选择看似冒了很大的风险，实际上也给了我们更多的可能性打好这一手烂牌。无论何时，我们都不要轻易放弃，因为放弃就意味着再也没有任何机会取胜。只有始终把选择权和决策权都留在自己手中，我们才能做好人生的主宰，才能在人生道路上成长更快、收获更多。

努力越多，选择越多

为什么很多人都说越努力越幸运呢？因为每个人都有无限的潜能，只有把潜能激发出来，让自己变得更加优秀和强大，才能让自己拥有更多的选择。也许有人会说，选择太多并不是一件好事情，因为过多的选择会诱发人的选择恐惧症，使人不知道应该如何选择，也不知道如何才能在最短的时间内作出决策。那么，若一个人被生活逼迫到无路可走，眼前只有一条路，难道就很好选择吗？没有人能够保证当生活进行到如此局促的状态时所面对的那条路还是不是自己想要走的路，还是不是自己想要得到的选项。显而易见，唯一的选择就是最好的选择，这样的巧合出现的概率是很小的。为此，宁愿选择多一点，也不要让自己被生活逼迫着前行。

如何才能开拓人生的天地，让自己的选择变得越来越多呢？很多人都说只有努力才能创造奇迹，其实在创造奇迹之前，努力会给我们创造更多的机会，也使我们拥有更多的选择项。人生之中从未有平白而来的成功，也没有一蹴而就的好事情，只有努力，我们才能突破和超越自我，才能在做很多事情的时候激发出自身的潜能。其实，人都是被逼出来的，古人说“生于忧患，死于安乐”，很有道理。在安逸的环境中，人们总是对于自己拥有的一切感到满足，也不愿意去改变。而在忧患的环境中，人们则对于自己的现状很不满意，为此他们最想做的事情就是打破现状，改变现状，重塑自我。也许是让人忧患的现状给了人们无穷的勇气和力量，所以很多生活不如意的人反而有更加决绝的勇气和更加强大的爆发力。因此，朋友们，不要总是抱怨自己对于人生选择的权利太少，而应意识到唯有在人生的道路上不断努力，奋勇向前，才能够欣赏到更多的美景，才能竭尽全力把一切做得更好。

自从进入大学的第一天开始，安然和若薇就开始了截然不同的生活。她们在高中就是好朋友，并如愿以偿考入同一所大学，但是对于大学生活怎么过，安然和若薇有不同的设想。安然认为，高中三年那么辛苦，大学终于可以放松一下。若薇觉得，高中三年已经苦过来了，大学也要辛苦一些，才能让自己学到真知识，才能让自己的未来有更好的发展，将来找工作也会容易很多。为此自从进入大学，安然就每天玩玩乐乐，对于学习完全抱着敷衍了事的态度。而若薇呢，则和高中时代一样保持着好习惯，每天早晨起来跑步晨读，每天晚上都会在教室上晚自习，或者去阅览室、图书馆读书。有的时候，安然也会嘲笑若薇是苦行僧，若薇总是笑着对安然说：“越努力，越幸运，我和你不一样，你的家就在城市里，我家是农村的，所以我只能靠自己。”

越是美好的时光越是过得飞快，转眼之间，安然和若薇已经开始读大四。其实，若薇从大三开始就在筹备考研的事情，而安然则是到了大四才从梦中惊醒，发现身边居然有这么多同学要考研。安然慌了神，这才开始四处打听考研的具体问题。对此，若薇给了安然最全面的解答。看着若薇如同考研专家一样把很多考研的注意事项娓娓道来，安然情不自禁地对着若薇竖起了大拇指。第一年，若薇就考上了研究生，而安然落选。到了第二年，安然还是落选，不免觉得心灰意冷，决定去找工作。然而，安然的整个大学都是在吃喝玩乐中度过的，不但学习成绩不够优秀，而且没有参与社会实践的经验，所以找工作也接连碰壁，好不容易才找到一个活多钱少的前台文秘工作。

又过去一年，若薇研究生即将毕业，还没有通过毕业论文答辩就收到了好几家公司的邀请函。若薇选择了一家自己最喜欢也最有发展前景的公司加入其中，一毕业就如鱼得水，在事业上发展得非常顺利。看到若薇的成就，安然很懊悔：我和你差不多成绩进入大学，然而，从考上大学的第一天开始我就输了。

安然说得没错，她的确输了，不是输在天赋上，也不是输在运气上，而是输给了时间。一个人，把时间用在哪里，哪里就会开花结果。很多时候，我们的坚持努力看起来没有那么明显的效果，只是因为努力的积累还不够而已。从现在开始，我们每天都要努力一点点，这样才能积少成多，为未来的成功做准备，也铺垫基础。

现实生活中，总有些人抱怨命运不公，觉得自己从未得到命运的青睐。殊不知，命运总是公平的，它给一个人关上一扇门，还会为他打开一扇窗。最重要的在于，我们要戒骄戒躁，戒掉对于命运的抱怨，这样才能激发自己的力量，让自己全力以赴地做到最好，坚持获得成功。只有努力，才能有更多的选择，才能有更多成功的可能性，也才能让人生的道路越走越宽。否则，如果人生总是浑浑噩噩，也因为吝啬力气而不愿意付出，那么人生的道路就会越走越窄，直到最终无路可走。不要小看眼下这短暂的努力，时间就像海绵里的水，挤一挤总还是有的，如果我们善于珍惜和利用时间，把很多时间都用于坚持做自己喜欢的事情，最终我们的人生一定会开花结果，收获丰实。

此外还需要注意的是，很多人都抱怨自己已经努力了却没有收到任何效果。实际上，这是因为他们对于努力存在误解，总觉得只要稍微努力一下就会收获很多。努力绝不是百米冲刺，更不是偶然爆发一次就可以获得结果的，而是马拉松长跑，一定要有决心和耐力，且要能够坚持到最后，才能获得相应的名次。当我们学会跑人生的马拉松，当我们把努力的力量源源不断地输送出来时，我们的努力就会生根发芽，在人生之中长成参天大树。

与其选择投降，不如选择抗争到底

面对人生，我们固然要有随和的态度，但也要有抗争到底的勇气，毕竟，人生存在的意义不是迎合我们，不是让我们感到满意，而是给我们磨难，考验我们，让我们不断地成长，变得更加坚强。一个人作为独立的生命个体，与人生之间的关系到底是怎么样的呢？很多人内心怯懦，一旦遭遇小小的坎坷磨难，马上就对人生缴械投降。殊不知，人生的常态就是受苦，遭受各种磨难，而且要熬到苦尽甘来才能品味到人生的甜。在这种情况下，如果我们一味地对人生妥协，什么时候才是个头呢？等到我们在不知不觉间形成对人生一味妥协的坏习惯，我们就会常常向人生投降，这样只会导致人生质量更加下降。

每个人只要活着，就要承受这一切。所谓生命不息，折腾不止，就是生命不息，力量不止。人活着，一定要有力量，也要有脊梁。这样才能向着生命中的远大目标奔过去。任何时候，都不要屈服，更不要认输。在海明威笔下的《老人与海》之中，桑迪亚哥老人那么老了，缺衣少食，还要坚持去海上打渔。好不容易打到一条大鱼，原本以为可以满载而归，却被大鱼拖到海洋深处，连岸边在哪个方向都不知道。怯懦的人面对这样的境遇一定会感到绝望，但是桑迪亚哥老人没有放弃希望，没有放弃抗争。他始终都在保护这条大鱼，最终虽然大鱼的肉被很多闻到血腥味赶来的鲨鱼吃掉了，但是老人把大鱼的骨架带回了岸边。他说过，一个人尽可以被打倒，却不要被打败。被打倒的人马上就能站起来，但是被打败的人心中已经放弃努力，因此他们根本不可能再站起来。在人生之中，我们也要成为强者，与人生展开博弈，最终成功地经营好人生。

小梦高中毕业没有考上大学，因而背起行囊来到大城市打工。她的耳边回响着父亲的话：“上了这么多年学，连个大学都考不上，你还有什么出息！”小梦很想反驳父亲，但是她确实没有考上大学，为此她决定闯荡出个样子给父亲，她要向父亲证明她不是一无是处的。

只有高中毕业的文凭，在如今的时代里很难找到好工作，除了清洁工、饭馆服务员之外，小梦还没有看到哪个职位不要求专科、本科学历呢，甚至有很多职位都要求有研究生或者博士生学历。小梦感到很苦恼，因为她不想当清洁工或饭店服务员，她想有更高的起点。有一天，小梦参加完面试，结果不好，她很沮丧地朝着临时栖身的住处走去。路上，她无意间看到有一家保健品公司张贴着招聘简章，居然说高中及以上学历就可以。为此，小梦赶紧走过去投递简历，核实小梦的确是高中毕业，负责面试的人当即就告诉小梦被录取了。小梦特别高兴，虽然底薪不高，但可以靠着推销出去的保健品赚取提成。小梦决定好好推销保健品，争取让自己有更多的收入。然而，一切并非小梦想得那么容易。整整一个月过去，小梦没有卖出去一盒保健品，拿到的微薄薪水只够她四处推销的路费和饭费。想想租住的地下室再有一个月又要交房租，小梦就急得火上墙，她可不想住在马路上。后来，小梦一直联系着的一个阿姨很想买小梦的产品，但是又担心保健品的效果不好。此外，阿姨年纪大了，对于小梦的很多解释都听得不是很明白。小梦一直都没有成功签约，心里很着急，因而决定用自己仅剩的500多元钱买一套保健品给阿姨寄过去。小梦还给阿姨写了一封信，告诉阿姨吃得好了再付钱。得知小梦的行为，公司的人都说小梦傻，还说小梦的钱一定打水漂了。没想到，过去半个多月，小梦就收到阿姨的汇款。阿姨不但自己要买10盒保健品，还把保健品推销给老姐妹、老同事等，一下子就要订购30盒保健品！小梦签下这个大订单，高兴极了，越来越有信心，也因为前期的积累都到了出成果的时候，所以，她此后的日子里接连开单，销售业绩越来越高。

有人说人生是一场未知的旅程，其实人生也像是一场漂流，在到了狭窄地带的时候，滩险流急，看起来似乎岌岌可危。越是在这种情况下，越是要让内心变得笃定，沉住气，才能把握方向。等到从此刻的狭窄局促中穿行出去，人生就会豁然开朗。

大文豪巴尔扎克曾经说过，挫折就像是一块石头，常常横亘在人生的路上，弱者被石头拦住去路，强者却可以踩着石头让自己站得更高、看得更远。其实，每个人的人生都会遇到各种各样的困难和障碍，与其被难住或者被吓住，导致人生止步不前，不如衡量自己的力量和实力，从而让自己在人生的道路上更加勇往无前地前进，更加全力以赴去拼搏和努力。唯有如此，我们才能迸发生命的力量，才能创造生命的奇迹。

每个人与人生之间，既是相辅相成的关系，也是你死我活的拼搏。成王败寇，一个人面对人生或者是成功，或者是失败，总而言之，人生不会有中庸之道。既然选择成功会面临50%失败的可能，选择失败也有50%成功的可能，那么我们就不要过于纠结最终的结果将会是怎样的，而是要勇敢无畏地作出选择。记住，即使遭遇失败也没有什么大不了的，因为失败既是人生的常态，也是人生成长和进步的阶梯。若认真反省，还可以从失败中汲取经验和教训，这远远比无所作为来得更好。

强大自己，以不变应付万变

人生在世，不可能每时每刻都处于巅峰时刻，而是常常会处境艰难，沉入低谷。当然，这是人生的常态，也是人生中不可避免的。与其抱怨和逃避，消极应对，还不如激发起自身的积极性，做到从容应对。古话说，兵来将挡，水来土掩。面对人生的各种境遇，我们也要随时调整好自己，以最好的状态面对。很多朋友都感到困惑：人生瞬息万变，我要如何面对人生呢？的确，人生中的有些情况是可以预期的，但更多的情况都是突然发生的，所以无法提前做好准备，也无法未雨绸缪做好预案。在这种情况下，如果只顾着根据发生的实际情况去改变自己，显然会陷入疲于应付的尴尬状态。最好的做法是让自己变得更加强大，这样才能以不变应付万变，让自己不管面对什么情况都很笃定。

人生除了喧嚣繁华，也会时常陷入落寞和寂寥的状态。面对人生的瞬息万变，内心缺乏安全感的人，常常会慌里慌张，不知所措，而内心非常坚定的人，也许会有小小的焦虑，却不会因此让自己变得如同没头苍蝇一般乱撞。就像东海龙宫需要老龙王的定海神针一样，人生也需要有定海神针，才能起到强大的支撑作用，才能让一切都安稳、落定。自身的优秀就是从容的保障，既然不知道未来会发生什么，那么就让自己拥有兵来将挡、水来土掩的能力，这样才能从容面对人生中的一切境遇。

大学毕业后，小张和小王作为大学同学兼好朋友，一起找了很长时间的工作，常常处于高不成、低不就的状态，好不容易找到一份比较满意的工作，幸运的是，他们还一起进入公司。试用期为半年，和小张、小王同期进来的，还有8个新人。

才进入公司半个多月，小张就表现出好打听的特点，有一天他神秘兮兮地对小王说：“哥们儿，你知道么，咱们这一批10个人里，只有5个人能留下来。很有可能，你我之间就要分离。”小王看着小张夸张的表情，忍不住问：“真的还是假的？”小张点点头，说：“当然是真的。这可怎么办呢？才找到工作，就有可能再次面临失业，这样的消息太沉痛了。”小王笑笑说：“其实想一想也没关系，公司优胜劣汰，又没有说一定要淘汰咱们。我觉得也别想那么多了，既然是公司规定，就是对所有人都一视同仁的，无端的焦虑有什么意义呢？我们最该做的就是学习和成长，只要是人才，公司总不会不用的。”小张的心态很不好：“这也要看概率啊，10个人淘汰5个，都是50%的淘汰率了，太残酷！”小王安抚小张：“就算10个人里只留下1个，咱们也要有信心，也要拼尽全力去努力！”

从此之后，小张总是惴惴不安，似乎他分分钟就会被淘汰，为此他对待工作也没有办法集中精神，常常因为心神不宁而出错。而小王呢，越是知道淘汰率很高，越是非常努力地工作，不但利用工作之余的时间学习，而且经常向老员工请教，学习经验。光阴似箭，很快，又过去了5个月，眼看着到了公司取舍的关键时刻。小张紧张得连觉都睡不着，小王却越来越从容。果然，去留的结果公布，小王得以留下来，小张却将在结束试用期之后离开。

对于小张和小王而言，他们在步入职场之后的起点其实是相同的。之所以小王得到长足的发展，而小张却被淘汰，就是因为他们面对残酷的淘汰机制采取的态度和应对的方法不同。小王是在积极应对，意识到再残酷的淘汰制度都是公司制定的，对于每个人也都是平等的，为此能够端正心态，从容应对。而小王呢，一直对制度耿耿于怀，只顾着抱怨和紧张，他忽略了要想在严苛制度之中生存下来，最重要的是提升和完善自己，让自己能够在众多的竞争者之中脱颖而出。

没有人生而优秀和强大，面对残酷的现实和激烈的竞争，一个人要想更好地生存下来，就要不停地历练自己，提升自己。若总是抱怨、哀愁，对于摆脱人生的困境绝没有好处。很多时候，一个人的心态是否积极，将会有截然不同的结果。既然哭着也是一天，笑着也是一天，为何不笑着度过人生的每一天呢？

在变得足够优秀之前，我们总是会经历很多的坎坷和磨难，也有可能被寂寞和孤独包围。与其一味地沉浸在自怨自艾的情绪中无法自拔，不如激发自己的兴致，让自己变得昂扬和振奋，也让自己迸发出更大的力量，在人生的道路上勇往直前。更优秀的你，一定能够从容应对人生，也能够在生命的历程中走得更远、更好。以不变应付万变，说的就是这个道理！

与其平庸，不如努力

人生是由无数个选择组成的，不同的选择带来不同的人生状态，不同的选择也决定了不同的人生结果。然而，不管是当一天和尚撞一天钟地混日子，还是瞪大眼睛振奋精神如同打了鸡血一样地奔日子，一天一天总会过去，时间的流淌和消逝不会因为任何人而停留。为此，我们或者可以辜负很多，却唯独不能辜负自己的生命。

人的本能是趋利避害，没有人有那么好的运气可以在刚刚出生的时候就获得很多，也没有人会那么倒霉在一生之中始终都与好运气绝缘。命运对于每个人都是公平的，它在给一个人关闭一扇门的同时，也会为他打开一扇窗，最重要的在于我们一定要抓住机会，如此才能有的放矢地面对人生，才能全力以赴地经营好人生。努力，不是为了敷衍自己，更不是为了自欺欺人。每一次努力，我们都要拼尽全力，不遗余力。生命不会重来，一旦逝去，就一去不返，正如奥斯特洛夫斯基所说的，人最宝贵的就是生命，生命对于每个人来说都只有一次机会。既然如此，我们有什么理由不抓住这仅有的生命去努力奋斗和不懈拼搏呢？如果常常因为各种各样的思想误区而让自己陷入停滞的生命状态，我们就只能消沉失落，更要承受生命止步不前的严重后果。

南朝时的江淹在很小的时候就表现出杰出的才华，还很年轻的时候，他就因为文采斐然的诗作和文章而被人们认可和赞赏。然而，随着时间的不断流逝，江淹的才情非但没有随着人生经验的增加而变得更丰富，反而变得越来越枯竭。曾经文思泉涌的江淹，再次提笔的时候，总是没有灵感，写出来的文章干巴巴的。偶尔有灵感，也总是一闪即逝，导致他的诗文内容平淡无奇，乏味可陈。

有一天中午，江淹在凉亭里纳凉，不小心睡着了。在睡梦中，他看到一个人走到他的身边，这个人就是郭璞。郭璞看起来和江淹很熟悉，径直走到江淹的身边，对江淹说："江淹兄，我的笔一直在你那里，现在我想要回来了！"听到郭璞的话，江淹毫不迟疑地从自己的口袋里拿出一支笔还给郭璞，而郭璞接过笔就走了。这个时候，江淹才意识到那支笔五颜六色，看起来非常漂亮。自从做了这个梦之后，江淹再也写不出像样的文章和诗句，真正是江郎才尽了！

这是一个传说，也是一个成语——江郎才尽，用来形容才思减退。当然，一个人的才思不可能始终都保持旺盛的状态，有所减退也是正常的，但是江淹不是因为把五色笔还给郭璞才导致才思枯竭，而是因为他学而优则仕，进入朝廷当官。他不但要处理好政务上的事情，还要周旋于同僚之间，处理好人际关系，为此，他未免感到精力有限，分身乏术。尤其是在官运亨通的情况下，江淹坐上更高的位置，更加春风得意，凡事都有手下的人代笔，所以对于文字渐渐生疏，写文章的水平也就一落千丈。常言道，笔不辍耕，文学家一定要勤于练笔，才能找到语言表达的感觉，才能把对语言的运用上升到更加纯熟的程度。如果写完一篇好文章就把笔放下，再也不拿起来，那么，即使再有才华的人，也禁不起这样浪费和消耗才华。

在如今这个时代，万事万物发展的速度很快，很多人也会紧跟时代的发展趋势，让自己与时俱进。为此，人生如同逆水行舟，不进则退，稍微懈怠，就会导致自己不断地退步。日久天长，当然会被别人远远地甩下，再想赶上来或者超越别人，就会很难。人生没有中庸之道，我们或者努力进取，让自己出类拔萃、脱颖而出，或者就选择碌碌无为，平庸地度过一生。

遗憾的是，如今有很多年轻人对于拼搏奋斗都不感兴趣，相反，他们在走出大学校园找工作的时候，都想找到一份旱涝保收、不需要加班却能拿到高薪的工作，有的年轻人甚至恨不得与公司签订一辈子的协议，从而让自己再也没有后顾之忧，再也不用找工作。不得不说，这样的状态是很糟糕的，因为世界上根本不存在这样的超长期饭票。时代发展的速度很快，各种事情都瞬息万变，每个人既是独立的生命个体，也是生命的一员，我们必须把自己融入这个时代，才能让自己顺应时代的发展形势，追赶时代发展的脚步，并督促和激励自己不断地成长，努力地进取。

生命不息，折腾不止，既然生命不会处于一个静止的状态，我们就要从现在开始主动求变，积极改变，而不要被动地被生活逼迫着改变。有的时候，被动和主动的结果截然不同，我们要做的是占据主动，把被动也转化为主动，从而成为人生的主宰，成为命运的掌舵者。陶渊明说，勤学如春起之苗，不见其增，日有所长；辍学如磨刀之石，不见其损，日有所亏。人生也是如此，不但要贯穿学习，还要坚持进步，这样才能在日积月累的过程中持续努力，获得长足的增长和发展。尤其是在大城市里漂泊，很多年轻人都如同无根的浮萍，面对高昂的房价和房租，不由得心生怯意，望而止步。的确，命运在我们的眼前弥漫着浓雾，但是只要我们的心中有方向，点亮希望的光，我们就总是能够一往无前，拨开迷雾见到人生的目标和目的地，收获更加美好和值得期冀的人生。

找办法，而不是找借口

面对人生中很多艰难的处境，或者看似无法逾越的各种障碍，我们是可以作出选择的，即找办法还是找借口。只为成功找办法，不为失败找借口，这是很多人的口号，但是真正能做到的人则少之又少。面对人生的坎坷与挫折，甚至是很多无法预期的意外和突发情况，他们前一刻还豪情万丈，后一刻就会陷入被动的状态之中无法自拔。他们不知道自己怎么做才能更好，也不知道自己的人生如何就变成了此刻这样糟糕的情况，他们整个人都有些昏头涨脑。不得不说，这样迷惘的人生，不但无法超越困难，还会让此刻并不那么糟糕的情况继续恶化。其实，一切都取决于作为人生主角的我们怀着怎样的态度面对命运的一切赐予。

现实生活中，没有任何人的生命会是一帆风顺的，每个人都会遇到各种各样的困难，这些困难或者很小，轻轻松松就能战胜，或者很大，让人拼尽全力也无法解决。真正的强者不仅面对小困难的时候能够战胜困难，即使在面对很大的困难时，他们也能做到坦然自若。最糟糕的是，有一些人天生胆小怯懦，为此在面对人生的很多情况时情不自禁就选择逃避和畏缩的态度。殊不知，逃避也许能够一时躲避困难，却不能让人生永远顺遂如意。若一次又一次逃避，人生就会形成条件反射，以后即使想要勇往直前，也根本不可能做到。此外，在人际相处的过程中，如果我们采取逃避的态度，那么一次两次，路遥知马力，日久见人心，他人就会渐渐地知道我们胆怯的本性，也就会对我们失去信任，不愿意将任何事托付给我们。

曾经有心理学家经过研究发现，大多数人的先天条件相差无几，之所以有的人总是能够获得成功，而有的人总是与失败结缘，不是因为天赋不同，也不是因为面对不同的机遇，更多的是因为面对失败的态度不同。成功者都是非常积极乐观的，而且有着顽强不屈的毅力。哪怕被命运捉弄，哪怕没有得到自己梦寐以求的人生状态，他们也会积极地再次尝试，直到获得成功为止。例如爱迪生为了发明电灯，为了找到合适的材料作为灯丝使用，尝试了1000多种材料，进行了7000多次实验，最终才找到在当时最合适的材料用作灯丝。如果他在失败一次之后就气馁，在失败两次或者三次之后就彻底放弃，不再尝试，那么整个世界都会更晚一些才能迎来光明。为此有人说，所谓成功，就是尝试的次数比失败的次数更多一次。与成功者恰恰相反，习惯于失败的人总是非常消极沮丧，他们哪怕得到了命运的善待，也总是对命运怨声载道，一旦有小小的不如意，他们就会马上放弃努力，不愿意再多一次尝试。他们以为这样就能避免失败，殊不知这只是暂时避免了失败，且让他们彻底地失去了成功的一切可能性。为此，要想改变失败的气场，要想让自己转为成功的运气，我们就一定要振奋精神，要始终满怀希望，绝不轻易放弃。记住，生命没有重来的机会，人生也不可能总是一蹴而就。面对人生的各种境遇，我们都要有着强大的心，都要勇往直前，无所畏惧，努力突破困境。正如一位名人所说，每个人最大的敌人都是自己。既然认清楚这个道理，我们就要努力突破内心的藩篱，让自己可以形成发散性思维，思考问题的时候从多维角度出发，获得更多的收获。

很久以前，有个穷人穷得揭不开锅，因此就去向一个远方的富人亲戚寻求帮助。富人看到穷人衣衫褴褛，很可怜穷人，便给了穷人一头牛，告诉穷人："你有了牛，来年春天的时候一定要把地耕耘好，再撒下种子，这样一来到了明年秋天，你就可以收获很多粮食，不但够你自己吃的，还有多余的。你可以把多余的粮食卖掉还钱，再买一些鸡仔鸭仔养着，等到鸡仔鸭仔长大了，你还可以把鸡鸭卖掉换钱，或者杀掉吃肉。母鸡母鸭还可以下蛋呢！"被富人这么一说，穷人似乎看到好日子正在向他招手，为此他对富人千恩万谢。

回到家里之后，穷人前几天还能割草喂牛，随着时间的流逝，他越来越贫穷，越来越饥饿，常常饿得肚子咕噜咕噜直叫。为此，穷人想道："到明年春天还早着呢，我要是再没有粮食吃，一定会饿死，那就等不到明年春天。而且，明年春天播种之后也没有收获，还要等到明年秋天才有收获。我不如把牛卖掉，养几只羊，这样一来既有羊奶喝，还可以在非常饿的时候杀掉一只羊充饥。"这么想着，穷人就把牛牵到集市上卖掉，换了6只羊。原本，穷人打定主意只吃一只羊，再兑着一些粗粮度日。但是在品尝到羊肉的鲜美之后，穷人感到更饿了，为此，他接二连三，还不到第二年春天，就把所有的羊都吃掉了。到了春天，穷人既没有种子，也没有牛，无法耕种。秋天，穷人没有收获，到了冬天，他活活饿死了。

因为好吃懒做，穷人没有想办法去改变自己的现状，甚至在拥有一头很多农民家庭都渴望得到的牛之后，他也没有好好对待牛，而是为了果腹把牛换成了羊，又因为嘴馋，吃掉了6只羊。在决定吃掉羊之前，他的借口就是如果不吃掉羊他就会饿死，根本等不到明年春天耕种。不得不说，有了这样的思维和解决问题的方式，穷人的日子只会越过越差，而不会越过越好，也注定了他的人生必然在穷困潦倒中走向灭亡。

格兰特纳是英国大名鼎鼎的成功学家，他曾经说过："假如你能自己系鞋带，你就可以摘下天上的星星。"任何时候，都不要找借口来让自己慵懒懈怠，而要把更多的时间和精力用于努力工作，这样才能真正地掌控命运，战胜和成就自己。现实生活中，如果我们每个人都能做到只为成功找方法，不为失败找借口，那么我们就会爆发出强大的生命能量，也会在人生中成长更多，收获更多。

第 7 章

时间是公平的，它会看到你的付出

在这个世界上，如果说一定有绝对的公平，那就是时间的公平。时间总是公平的，对于任何人，时间从来不会更快，也不会停留，而是这样嘀嘀嗒嗒一分一秒地向前走着。每个人虽然不知道生命的终点将会出现在哪里，也不确定生命的长度，但是只要努力拓宽生命的宽度，就会让生命更加充实。哪怕你的付出没有人发现，时间也会看到你的付出，会为你的一切表现喝彩和加油。

别着急，岁月总会回报你

人生的道路从来不会一帆风顺，平坦地延续下去，而是就像登山一样，总是会遇到各种各样的坎坷与挫折，总是会出现峰回路转的情况。因此，我们一定要战胜困难和挫折，要全力以赴做好自己该做的事情，勇敢无畏，努力向前。若人生总是陷入各种磨难之中无法自拔，作为生命主体的人也总是在成长的道路上畏缩胆怯，不敢继续向前，则最终一定会被各种困境打倒，也根本不会超越自己和外部的世界，赢得更好的成长和发展。当然，也有一些朋友已经在人生中勇敢无畏地付出，却发现自己在付出之后并没有得到理所当然的回报。其实，不是命运不公平，而是因为努力的程度还不够，因为还不够坚持。不要着急，属于你的一切，岁月终将会回报给你，在人生漫长的道路上，在时间无涯的荒野中，我们应有的放矢地去面对一切，从容接纳生命的回报。

你把时间用在哪里，哪里就会开花。然而，人生总是要守得云开见月明，所以不要着急，生命会最绚烂地绽放，也会给予我们最美好的人生境遇。任何时候，我们都要全力以赴，无所畏惧，这样才能最大限度拓宽生命的河流，才能在成长的道路上赢得各种机会、各种成功的可能性。遗憾的是，现代社会有太多的人都急功近利，他们总是渴望自己能够一蹴而就获得成功，而根本没有足够的耐心和毅力去坚持。很多成功人士都曾经说过，通往成功的道路向来不是两点之间直线最短，而是会像登山一样，有各种坎坷挫折，也充满了荆棘。我们唯有战胜挫折，战胜磨难，才能激励起自身的勇气，无所畏惧地勇敢前行。

有人说，人生是一场漫长的旅程，那么在人生的旅程中，谁没有波峰和波谷呢？每个人都有可能坠入人生的谷底，也有可能在成长的道路上迷失自我。因此，最重要的是努力前行，无所畏惧，并全力以赴地战胜人生的困境。

在美国，有个年轻人身无分文，生活困窘，但是他并没有被现实的残酷打倒，虽然他过着食不果腹的日子，而且即使花光自己所有的钱也不能买一件品质良好的西服，但是他的梦想始终都很丰满，他也为了坚持梦想作出了很多的努力。他的梦想，就是成为一个优秀的演员，就是走上电影的大屏幕，把自己精彩的表现呈现给观众。

然而，这个年轻人有个致命的弱点，那就是他因为曾经患病而导致一侧面部瘫痪，为此他总是表情僵硬，无法有精彩细微生动的表情呈现出来。他为了接近好莱坞，而在好莱坞打工，但是很长一段时间过去了，他依然没有得到表演机会，只能偶尔跑跑龙套。为此，年轻人突发奇想：如果我能创造出来剧本，那么导演也许会让我当演员吧！于是，他开始着手写剧本。三天之后，他的剧本写好了。他统计发现，好莱坞有500个导演，为此他准备拿着剧本一一拜访这些导演，从而为自己找到更好的机会。然而，他在挨个儿拜访这些导演之后，并没有得到机会，反而被所有导演拒绝。年轻人被拒绝了500次，却没有气馁，马上拿着剧本开始进行第二轮拜访。这次拜访的结果，对年轻人而言和之前一样，还是被拒绝。接下来，年轻人进行了第三轮拜访。等到第三轮拜访结束，他已经被拒绝了1500次。按理来说，他应该偃旗息鼓，做自己该做的事情了。但是因为对于电影的狂热喜爱，他居然拿着剧本开始了第四轮拜访。在第四轮拜访中，当拜访到第355个导演的时候，导演被年轻人的决定和毅力打动，决定给年轻人一个机会。然而，年轻人唯一的要求就是要担任电影主演。导演经过一番权衡，答应了年轻人的请求，也带着一些担心投入电影的拍摄工作。出乎导演的预料，这部名为《洛奇》的电影一经放映，就在观众朋友之间引起了强烈反响。相信看到这里，大家都应该知道这个年轻人是谁了。没错，他就是电影《洛奇》的主演史泰龙。

其实，作为一名演员，史泰龙并没有独特的天赋和杰出的条件，他之所以能够成功地战胜磨难，获得成功，就是因为他在遭受1854次拒绝之后，依然能够鼓起勇气进行第1855次尝试和挑战。为此，他充分向人们验证了那句话——失败是成功之母，所谓成功，正是比失败的次数更多一次尝试和努力。

毋庸置疑，在人生的道路上，从未有任何人是绝对一帆风顺的。每个人在生命的历程中都会遭遇坎坷和挫折，也都会在磨难的过程中不断地站立起来，让自己变得更加强大。当失败总是来敲门时，我们不如告诉自己："我不是没有成功，只是还没有等到成功到来。"越是在艰难坎坷的时刻里，越是在胜负输赢就在一瞬间的时刻里，我们越是要沉住气，努力勇敢地超越自己，成就自己，这样才能在人生的道路上无所畏惧地向前。记住，人活着要有脊梁支撑身体，要有强大的精神支撑心灵。既然成功没有直线，不可能找到最短的道路，我们就要坦然经历磨难，一往无前。

你把时间用在哪里，哪里就会开花

时间对于每个人而言都是公平的，它从来不会因为任何原因而多一分，也不会因为任何原因而减一秒。面对时间，我们既要学会珍惜，争分夺秒，也要学会从容，如此才能走过时间无涯的荒野，才能把自己摆渡到人生更加丰富美好的彼岸。

这个世界上从未有一蹴而就的成功，任何成功，都要靠着时间的浇筑才能真正成型。如果我们总是在无意间荒废时间，人生怎么可能开花结果呢？也有人说人生是一场未知的旅程，没有人知道生命将会在何时戛然而止，也没有人知道未来会在何时到来。既然如此，不如每时每刻都坚持做到最好，从而让自己拥有更多的可能性，也拥有更加强大的执行力。

既然生命中拥有多少时间是固定的，我们就要珍惜时间，也要有危机意识。很多年轻总是以年轻为资本，觉得自己不需要特别珍惜时间，因为对于年轻人而言时间还有很多。其实不然。时间总是在人不知不觉间溜走，还记得朱自清的《匆匆》吗？“燕子去了，有再来的时候；杨柳枯了，有再青的时候；桃花谢了，有再开的时候。但是，聪明的，你告诉我，我们的日子为什么一去不复返呢？——是有人偷了他们罢：那是谁？又藏在何处呢？是他们自己逃走了罢：现在又到了哪里呢？”没有人知道时间去了哪里，甚至很多人根本没有意识到时间的悄然流逝，但是时间就这么溜走了，一去不返，带走了我们的青春容颜，带走了我们对于人生的热血和激情。为此，不要觉得生命无涯，真正无涯的是时间。而无涯的时间也不是让我们纵情去挥霍的，它如同空气一样包裹着我们，也如同空气一样在不知不觉间就悄然被消耗。即使再年轻，也要珍惜时间。俗话说，好钢用在刀刃上，也要把时间用在该用的地方。

时间就像是一粒种子，用在哪里，哪里就会生根发芽，就会开花结果。当然，如果你总是挥霍时间，时间就会像一粒轻飘飘的种子一样不知道被风吹到哪里去，无法落地生根。每到大学毕业季，为何同一个班级的学生会有不同的去向，甚至有截然不同的命运趋势呢？因为他们之中，有的人把时间用于读书学习，有的人把时间用于恋爱纠缠，有的人把时间用于打游戏，也有的人在发展自己的兴趣爱好。因此，到了分道扬镳的季节，他们就会有截然不同的表现，努力的人凭着实力找到好工作，不够努力的人在成长的道路上迷失，看着工作却可望而不可得。这都是因为他们把时间花在了不同的地方。

在心理学上，有个一万小时定律。意思是说，若一个人坚持做一件事情达到一定的时间，就会有所收获和成就。为了证明这个定律的作用，有个心理学家让自己的三个女儿学习国际象棋。在此之前，他的女儿们并没有对国际象棋表现出浓郁的兴趣，也不曾接触过国际象棋。在十几年的时间里，他的女儿们都成为国际象棋大师，这充分验证了兴趣固然重要，但是坚持努力付出和学习更重要。对于自己不那么讨厌的事情，只要一直去做，付出时间和精力，就一定会开花结果。任何时候，人生的时间和精力都是有限的，我们与其把时间和精力分散，最终一事无成，不如调整好心态，始终坚持去做某件事情，这样才能积累更多的经验，最终获得成就。

人在职场，很多人都会感到内心空虚，也愤愤不平，觉得自己付出了很多却没有得到收获。其实不然。一切的努力都会开花结果，一切的未来也都会按照我们的期望而来。只有不断地进取，坚持去进步，且一直都在付出时间，栽培时间的种子，我们才能在时光的流淌中春暖花开。所以不要抱怨自己在工作上没有预期的收获。因为上班时间，大家都在认真工作，相差并不会很大，而在上班时间之外，你对于时间的利用才会表现出更加明显的区别。还记得在学校里的时候，很多人都会说功夫在课外，现在细细想来，这句话很有道理。功夫的确就在课外，包括在长大成人走入职场之后，功夫也是在工作时间之外。

在通往成功的路上，每个人都会受到很多因素的影响，古人云天时地利人和，而现代社会的成功还与身体条件、精神因素、心理状态、真才实学、人际关系等密切相关。不要觉得只凭着努力就能获得成功，也不要认为所谓成功都是偶然得来的，要意识到成功从来都是复杂的事情，都不可能一蹴而就。为此，我们要更加潜心下来，有的放矢地面对成功，这样才能全力以赴做好自己该做的事情，才能竭尽所能创造自己的精彩未来。

心理学家经过研究发现，每个人都有巨大的潜能，这潜能就像是人生的宝藏一样，必须努力去发掘，才会在人生之中发挥积极的作用。反之，如果总是把潜能埋藏起来，不去激发潜能，日久天长，人们就会遗忘潜能。当然，对于时间，大文豪鲁迅先生也曾说过，时间就像海绵里的水，只要愿意挤，总还是有的。所以不要以没有时间为理由，总是让自己在做很多事情的时候都无限地拖延；而是要激发自身的潜能，全力以赴做好自己该做的事情，这样才能有的放矢地面对人生，才能全力以赴地经营好人生，这才是最重要的。浪费别人的时间，就等于谋财害命，浪费自己的时间，则无异于放弃生命。若你放弃生命，你还有什么资格对生命提出期望和希冀呢？从现在开始，让我们珍惜时间，也让时间在我们的苦心经营下开花结果吧！

纵然人生坎坷，也要无惧无畏

即使每个人都希望人生是蜜里调油，但是实际上人生从来不是甜蜜的，也不会是一帆风顺的。面对人生，我们总是会遭遇各种坎坷挫折，也会在无形中就发现人生总是无奈，总是带给我们很多的惊喜和更多的惊吓。然而，难道我们因此就要放弃人生、在人生中彻底舍弃自己吗？当然不是。我们反而要更加勇敢无畏地面对人生，也要在人生道路上无所畏惧地坚定前行。既然哭着也是一天，笑着也是一天，我们为何不笑着度过人生中的每一天呢？面对人生既然悲苦也是一程，喜悦也是一程，我们为何不拼尽全力从生命历程中感受欣喜呢？人生固然是由很多客观存在的事情组成的，但实际上，它更大程度上取决于我们的内心。心若改变，世界也随着改变。当我们梦想着改变世界的时候，也许会毫无收获，而若我们能够先改变自己，反而会无形中影响身边的人和事情，从而让一切都得到改变。

人生的底色从来不是绚烂，而是灰蓝色调的沉重和朴素。所以不要期望着人生如同烟花般绚烂多彩，而应努力地调整好自己的心态，也要全力以赴激发自己的行为和斗志，从而让自己即使匍匐在地，也要继续前行。曾经有记者采访一位百岁老人："活过了一个世纪，您有什么感想呢？"老人含糊地说："熬。"记者一开始没有听清楚老人的话，老人再次清晰地吐出一个字——"熬"。记者感到很惊讶，原本她以为老人活过百岁，一定会对人生有很多的感慨，没想到老人却以这么一个字作为总结。然而仔细想想，老人经历过封建社会，经历过战争，如今生活在和平的年代里，她的一生饱经磨难，所以她以"熬"字作为对人生的总结，其实是很贴切的。人生就是需要熬，熬也是对于时间最形象生动的诠释。通常情况下，快乐的时光总是过得很快，而艰难的时光就需要熬，如此才能不断地努力前行，才能从容地应对自我。也只有熬过去，人生才会有更加绚烂的绽放。

然而，人的本能都是趋利避害，很多人面对人生的坎坷与困厄，常常会感到胆怯，也会感到内心焦灼不安，甚至故意逃避。其实，只要活着，就要面对一切，就要在人生前进的历程中不断地努力进取，这样才能让自己有更好的成长和发展。生活从来不会只有甜蜜，更多的是苦涩，有的时候命运之手最爱捉弄人，常常会让我们陷入各种被动的状态之中无法自拔。在这种情况下，一味地陷入苦难之中必然会让我们的人生停滞不前，与其逃避，不如积极主动地抗争。众所周知，贝多芬是非常伟大的音乐家，他的作曲是那么悲怆，也往往带给人力量。然而，很多人都不知道，贝多芬一些优秀的音乐作品，都是在耳聋之后才创作出来的。可想而知，对于一个音乐人来说，耳聋意味着什么。即便如此，贝多芬也没有向命运妥协，而是非常努力去抗争，从而让自己的人生有更好地绽放。

人生之中，往往会有很多的逆境出现，有些逆境很容易战胜，而有些逆境则会让我们面临失败和困境。越是在这样的情况下，我们越是应该全力以赴地面对人生。要知道，生命从来不会重来，与其一味地逃避和怯懦，不如勇敢地迎接生命的挑战，在生命的历程中勇往直前，无所畏惧。

归根结底，时间是非常宝贵的，如果我们总是因为各种原因而沉迷，不知道如何才能提升自己的速度，那么当千载难逢的好时机转瞬即逝后，我们就会陷入被动之中，被生命困住。因此，勇敢地面对生命的磨难，实际上也是珍惜时间的好方法。任何时候，我们只有全力以赴做好该做的事情，只有无所畏惧地在人生路上朝着前方奋进，才能做到兵来将挡，水来土掩，才不会因为杞人忧天而束缚住自己成长和进步的脚步。

现代社会，生活的节奏越来越快，每个人都承受着巨大的生存压力，根本不知道如何应对繁忙沉重的生活。很多人都会因此感到迷惘，不知道自己的前路在何方，也会觉得内心惶惑，面对人生的各种较量，常常会退缩和怯懦。然而，当不得不面对人生时，这样的暂时逃避又有什么作用和意义呢？只有努力地向前，无所畏惧地勇往直前，我们才能在人生的道路上坚持奋进。当初，玄奘去西天取经，历经磨难，才能够到达西天。司马在遭遇宫刑之后，依然坚持创作《史记》。对于司马迁而言，这样的耻辱和痛苦，都是让他更加努力地创作《史记》的动力。人生路上，我们必须坚持向前，无所畏惧，如此才能在成长的道路上不断地成长，持续地进步，才能最终成就自己。

任何时候，都不要抱怨人生苦，只有在人生的苦涩中坚持成长，无所畏惧，我们才能经营好人生，才能在人生的历练中不断地强大起来。记住，人生没有回头路可以走，有的时候，我们在人生之中还会面临危崖，在这种情况下，就要让自己全力以赴，破釜沉舟，这样才能英勇无畏地向前，才能全力以赴奔向成功。

爱自己，舍得为自己花费时间

很多人都把爱自己作为口号，总是叫嚷着要爱自己，然而，他们真的能够做到吗？为了更多地爱自己，他们在自己身上花费更多的金钱，如女性会花钱去美容、去健身，男性会花钱去旅行，开拓眼界。其实，爱自己除了要为自己花钱之外，还要为自己花费更多的时间。所谓爱自己，就是要在自己身上投入时间，就是让时间在自己的身上开花结果，这样爱自己，才能不断提升和完善自己，让自己变得更加强大。很多人都抱怨命运无常，也不知道应该怎样应付生命历程中出现的各种情况。其实，以不变应万变是很好的选择，当然，不变不是一味地墨守成规，而是与时俱进地改变，以自身的成长作为应付外部世界的万能方法。

遗憾的是，现实生活中有很多人不懂得尊重自己，更不懂得爱自己，为此他们常常会在生命历程中迷失，也不知道自己到底需要怎么做才能做到更好。人生就像一场未知的旅程，也像是长河，在不断流淌的过程中，让我们时时都在经历更新的世界。不管外界如何改变，我们的心都要保持笃定不变，不管人世如何变迁，我们都要全力以赴做好自己，如此才能在成长的道路上变得更加强大和坚定执着。

如今，时代发展的速度很快，整个社会都处于日新月异的改变之中，常常有人会对外部的一切应接不暇，也会因为人生的无奈而让自己陷入被动的状态。实际上，生命从来不曾改变，我们需要调整的是自己的内心。一个人如果内心惶惑，那么，不管他多么理性从容，都无法做到更好。反之，一个人如果内心笃定，那么哪怕他面对的人世变幻万千，他也依然能够全力以赴地做好自己，无所畏惧地成就自己。这才是最重要的。

很多人都会盲目地羡慕他人。看到他人取得成功，他们也想获得成功，看到他人在成长道路上得到好运的青睐，他们马上会抱怨自己为何从来没有这样的好运气。不得不说，好运气不是乞求来的，而是争取来的。在生命的历程中，我们必须拼尽全力，无所畏惧，才能勇敢向前。而一旦内心深处有小小的动摇，我们就会因此而迷失自我，更别说是笃定做好自己，完成自己的理想和志向。因此，不要只是幻想和憧憬着美妙的人生，我们更需要做的是内心笃定，尊重自己，爱自己，这样才能在人生的道路上越走越远，才能绽放自己的华彩，让自己拥有与众不同、绚烂多彩的人生。

那么，如何才能为自己花费更多的时间呢？不要误解，每天躺在床上睡懒觉，深夜了还在拿着手机刷屏，这不是爱自己、舍得为自己花费时间的表现。懒觉偶尔睡一睡会得到极大的满足，但如果每天都在睡懒觉，则只会让自己变得消极懈怠，也无法在人生之中有良好的表现。此外，拿着手机刷屏更是在浪费时间，因为时间总是悄然流逝，未来看似遥远，其实已经来到我们的身边。所以真正明智的人不会一味地沉浸在青春正好的迷雾中，而是会意识到人生短暂，青春的时光更是转瞬即逝，为此要把宝贵的青春时光用于学习和充实自我，在日积月累之后，自我必然会有更好的改变和成长。

为自己花费时光，把人生最宝贵的资源——时间投入到自己身上，再发挥主观能动性，我们就会有很好的改变。例如，若我们坚持读书，也许读过一本书或者十本书后我们尚不会有太大的改变，但是当读过几十本书、上百本书后，我们就会变得大不同。书香浸润我们的气质，也浸润我们的人生，让我们的成长有很多不同的改变，也有很多的提升。在这种情况下，不要一味地抱怨命运无奈，而是要更加有的放矢地面对人生，更加全力以赴地经营好人生，这样我们才能更加勇敢无畏地畅行人生的道路。

有些朋友会抱怨命运残酷，或者抱怨自己运气不好。其实，我们的一切成长与发展并非完全取决于客观外界，更大程度上取决于我们的内心。人生，从没有随随便便的成功，只有不断地努力向前，只有坚持点点滴滴地积累，我们才能在成功的道路上一往无前，才能在人生的道路上披荆斩棘、乘风破浪前行。

爱自己，为自己花费时间，除了学习和充实自己之外，还要学会经营和打理自己。在这个世界上，从未有无缘无故的爱，也没有无缘无故的恨，既没有无缘无故的失败，更没有无缘无故的成功。只有好好爱自己，把自己经营好，才能让自己具有与这个世界抗衡的力量。所谓以不变应付万变，正是要建立在自我充实和强大的基础上。

在西方国家，有个女孩被诊断出患上了肌萎缩性侧索硬化症。这种病症的发展速度很快，也许只需要半年的时候，女孩就会因为全身肌肉萎缩而只能与轮椅相伴，甚至失去生命。在被医生宣判死刑之后，女孩有一个心愿，就是希望自己可以得到纯粹无私的爱。医生感到很为难，又想帮助这个女孩，为此对女孩说："你能做到无条件爱别人吗？或者爱自己也行，只要是无条件的。你必须自己先做到，我才能帮助你。"女孩点点头，说："我可以试着去做，我知道这很难。"

随着身体日渐衰弱，女孩看着镜子里面色憔悴、形容枯槁的自己，暗暗想道：这样的自己，让我自己都很讨厌，我怎么还能奢求得到别人无条件的爱呢？等我做到可以无条件爱自己，我再去奢求别人吧！从此之后，女孩完全改变心态，她每天都告诉自己“爱自己”，也在很多细节方面做到更加关注自己，更加理解和尊重自己。最终，女孩的状态发生了改变，尽管她依然没有康复，还是疾病缠身，但是她的精神状态发生了很大的改变。她看着自己，觉得自己精神抖擞，也觉得自己意气风发。每天，她还会坚持写日记，记下自己的各种状况，并对于自己的身体改变采取接纳的态度。她每一天都在全身心投入地接纳和喜爱自己。等到医生来为女孩检查身体的时候，惊讶地发现，女孩不但精神面貌有了翻天覆地的变化，而且身体情况居然停止恶化，出现好转的迹象。这简直是个奇迹，医生不知道到底发生了什么事情，问过女孩之后，才知道女孩一直都在全力以赴爱自己。医生兴奋地告诉女孩：“接下来，你要继续爱自己。因为只有爱自己，你才能获得来自心灵深处的力量，这种力量的作用比治疗的效果更好，说不定就能拯救你呢！”女孩淡然地说：“我已经不奢望获得拯救，但是我很清楚，只要活着一天，我就要爱自己！”

我们无从得知女孩最终的命运将会如何，也不知道女孩的身体到底能否完全康复，但是有一点可以肯定，就是女孩在想清楚人生的道理之后，不会再因为疾病而感到特别懊恼，也不会再强求得到他人纯粹无私的爱，因为她已经拥有了自己的爱，这就已经足够了。爱自己，告诉我们如何与自己相处，如何面对自己孤独的灵魂，也让我们在人生未来的道路上勇敢前行。

在整个自然界里，单个生命体的力量是非常孱弱的，既然如此，就不要梦想着征服世界，也不要为了那些毫无意义、远大到没有可能实现的梦想而浪费时间。不如从此时此刻就开始爱自己，这样的爱会让我们面对人生的心更加笃定、更加坚强，也会让我们在面对各种人生境遇时做到兵来将挡，水来土掩，无所畏惧。

赠人玫瑰，手有余香

在人生的道路上，很多人都会感到困惑，因为他们明明已经非常辛苦努力地前行，想要好好地爱自己，却总是在成长的道路上迷失，不知道自己应该如何爱自己，爱这个世界。有人甚至以为爱自己与爱世界是相冲突的，其实这样的想法完全是错误的，因为爱自己与爱世界相辅相成，正因为如此，西方国家的一句谚语才说，赠人玫瑰，手有余香。类似的话，在中国也广为流传，例如乐于助人，例如成全别人就是成全自己。总而言之，每个人尽管是独立的生命个体，却生存在这个世界上，是社会的一员，因此一定要融入社会，这样才能让自己在

成长道路上获得更加强大的力量和更加持久的耐力。

赠人玫瑰，手有余香，有的时候，宽容别人就是宽宥自己，成全别人也就是成就自己。作为社会的一员，我们可以对自己高标准、严要求，却不要因此对别人也过于苛刻。尤其是当别人遇到困难的时候，只要有能力帮助别人，我们就要积极主动地帮忙，而不要总是对别人一副爱搭不理的样子。如今的时代里，特别讲究团结与合作，没有人可以成为人生的独行侠，更没有人能够在人生成长的道路上始终顺遂如意，也许别人此刻面对的难题和困境，未来就会成为我们的难题和困境。因此，能帮助别人时就要伸出援手，不要吝啬自己的力气。只要你今天种下善的果实，未来有一天，你就会收获更多的热心相助。

在一个大雪纷飞的日子里，有个男孩为了给自己筹集学费，不得不拎着日用品挨家挨户地推销。男孩一大早就出门了，但是因为天气太冷，街道上很少有人，每户人家也都紧闭着房门，抵御风雪。男孩走了整整一个上午，都没有推销出去一个商品。他沮丧地走出城外，决定去郊区试试运气。男孩走啊走啊，他一只手拎着装满日用品的袋子，冻得红通通的，另外一只手插在口袋里，不愿意拿出来，感受着微微的体温。男孩又累又饿，浑身就像掉入冰窖里那么冷。他暗暗埋怨自己：我为何一定要去上学呢？我还不如去打工，还能挣钱养活自己。男孩几乎已经决定不再上学，他打算找一户人家要点儿水喝，然后就回家，钻入温暖的被窝里好好睡一觉，然后等到天亮了就去打工。

这么想着，男孩心中百感交集，又觉得轻松，又觉得遗憾和沮丧。他蹒跚前行，来到一户人家门口。他再也走不动了，两只脚就像冻僵了一样，根本没有知觉。他敲了敲门，过了很久，有个女孩打开门，屋子里的热气也一下子涌出来。男孩以虚弱的声音对女孩说："可以请你给我一杯热水吗？"女孩看着男孩身心俱疲、瑟瑟发抖的样子，对男孩说："你等着，我这就去拿。"男孩站在那里等着，时间过了足足有一个世纪那么久，男孩都有些绝望了，这个时候，女孩捧着一大杯热牛奶走过来。男孩把手里的日用品放在地上，然后用双手接过牛奶捧着，一小口一小口地喝着。热乎乎的牛奶进入肚子里，很快帮助男孩驱散了寒冷。男孩这才感到有些担心：我口袋里只有一个硬币，根本不够支付这杯牛奶的费用。喝完了牛奶，男孩对女孩表示感谢，然后说："这杯牛奶多少钱？我可以下次给你吗？"女孩笑着摇摇头："这杯牛奶不要钱，妈妈告诉我，赠人玫瑰，手有余香。"男孩再三向女孩道谢后，辞别了女孩，他改变了要辍学的主意，对自己说："如论如何，我都要好好学习，不辜负这份温暖。"

若干年后，男孩从医科大学毕业，进入省城一家有名的医院工作。有一次，医院里收治了一位病人，这位病人的病情很奇怪，在小城市的医院没有治好，才来到大城市治病。医院当即组织各个科室的顶尖医疗人员对患者展开会诊，并且把患者的资料分发给每个人。在看到患者资料的那一刻，男孩看到患者的年龄、性别，又看到患者和自己是老乡，脑海中突然灵光一动想到女孩。他飞奔到病房，看到曾经的女孩虚弱地躺在病床上，气息奄奄。男孩当即主持会诊给女孩确定治疗方案，并且为女孩进行了手术。术后，女孩的怪病彻底治好了，恢复了健康。女孩要出院了，看着护士拿着出院结算清单朝着自己走过来，她担心极了，甚至不敢看向最后的那个数字。然而，当她终于鼓起勇气看到最后一行的时候，发现在结算清单里赫然写着："一杯牛奶。爱德华·霍利医生。"这时，女孩也想起了曾经在冰天雪地里出现的那个男孩，想起了那一大杯热乎乎的牛奶。她激动地流下了眼泪。

女孩从未想过，自己以一杯牛奶帮助了男孩，有朝一日居然会再次与男孩相逢，而且被男孩以医生的身份救治。命运就是这么神奇，谁也不知道将会发生什么。正是因为如此，我们才要乐于帮助他人，才要在这个世界上撒播爱心。退一步而言，即使我们曾经帮助的人最终并没有回馈于我们，而是把我们的爱心传递出去，用来帮助其他需要帮助的人，也会让这个世界变得更加温暖。

赠人玫瑰，手有余香，在帮助别人的时候，我们已经得到了助人的快乐，我们的心变得更加充实和美好，我们的人生变得更加值得期待。所以不要吝惜，若你对这个世界慷慨，这个世界也会对你非常慷慨和大方。

第 8 章

追逐理想的路上，不忘为心灵减负

在如今这个熙熙攘攘的时代里，很多人都在奔波忙碌，都想通过自己的努力收获成功的人生。殊不知，努力从来不能一蹴而就，更多的时候，人生需要积累，也需要坚持，才能通过量变达到质变。因此，不要觉得很多事情只需要暂时的全力以赴就能实现，在追逐理想的道路上，我们一定要坚定不移，勇敢向前，才能为心灵减负，才能让自己始终保持着积极乐观的心态。

主宰情绪，才能掌控自我

很多人对于控制情绪都有误解，觉得所谓控制情绪就是要压抑自己，不给自己发泄情绪和表达内心的机会。实际上恰恰相反，主宰情绪绝不是压抑情绪，也不是禁止发泄情绪，而是学会宣泄情绪，从而保持情绪的平和，再想方设法引导情绪，让情绪之流水淙淙。古往今来，有的人因为控制不好自己的情绪而被活活气死，他们不是死在那个惹怒他们的人的手中，而是死在自己的手中。也有很多人能够控制好自己的情绪，不让自己变得如同玻璃人一样透明，或者如同一个炮仗一样只要一点就会爆炸，而是让自己成为情绪的主人，能够控制好自己，也可以保证呈现出自己最佳的状态。

曾经有心理学家经过研究发现，愤怒会让人的智商降低，这样一来，生气非但不能解决问题，反而会导致问题变得更加复杂和难以解决，因此明智的人不会让自己总是处于情绪失控的状态，而是会管理好自己的情绪，真正掌控自己。

很多人误以为情绪与行为之间的关系，是情绪会影响人的行为，实际上，也有心理学家提出，人的行为同样会影响情绪。例如当一个人很伤心的时候，如果他能够强颜欢笑，或者勉强打起精神来对着镜子里的自己傻笑，那么他渐渐地就会真的开心起来，至少原本阴郁的心情不会那么糟糕。因此，当感到心情落寞的时候，我们不如有的放矢地调整好心态，这样才能从容不迫地应对人生。否则，如果总是这样被动和落寞，如果总是因为内心惶恐而失去对自己的把握，则未来会更加被动。当情绪有风吹草动的时候，不要一味地被情绪奴役，而要控制情绪，成为情绪的主宰，从而更好地面对问题，解决问题。

在美国，各所大学之间常常会举行比赛，诸如各种球类运动。有一次，美国的大学举行橄榄球比赛，怀俄明大学和夏威夷大学打对手赛。不知道为何，夏威夷大学在比赛中的表现非常糟糕，在整个上半场，居然都处于接连输球的状态，到了中场的时候，他们整整输掉22个球。为此，夏威夷大学队感到非常沮丧和绝望，几乎都认定在下半场绝不会有扭转局面的机会，甚至会输得很难看。看着球员们的样子，教练感到很着急，因为教练很清楚在糟糕的情绪下，队员们的表现只会更加糟糕。如何帮助队员们振奋精神呢？教练思来想去，决定给队员们看他的剪报。

原来，教练近些年来收集了很多剪报，报道的内容都是比赛者如何在比赛失利的情况下反败为胜的。果然，队员们在看了这些剪报之后，原本萎靡的精神略显振奋，有的球员问教练报纸上所说的事情是不是真的，教练笑着说：“你不知道新闻报道的原则之一就是要非常真实吗？”得到教练的反问，队员们更加兴致勃勃地传阅剪报，有个队员还把剪报读出来给其他队友们听！看着队员们的精神越来越振奋，一个个就像是打了鸡血一样，教练说：“现在，你们有信心吗？”在教练的激励下，下半场夏威夷大学队的每一名队员都以一当十，在赛场上表现得特别棒。结果出人预料，夏威夷大学队居然在下半场零封对手，最终以27：22高的成绩战胜了怀俄明大学队。

夏威夷大学队为何能够获得成功呢？就是因为他们得到教练的激励，所以在下半场比赛中如同蛟龙出水，零封对手，并最终得到了27分，从而反败为胜！实际上，这就是情绪的力量。如果夏威夷大学队的队员被沮丧情绪打败，那么在接下来的比赛中，他们绝对不可能获胜。幸运的是他们有一个好教练，在教练的启发和指引下，他们最终战胜了负面情绪，成为情绪的主宰，所以才能战胜怀俄明大学队，获得比赛胜利。

情绪是一种非常强大的力量，既能成就人，也能毁灭人。我们每个人都要战胜情绪，都要成为人生的强者，真正主宰人生，如此才能有的放矢地在人生旅程中振奋精神，成就自我。否则，如果每天都陷入负面情绪之中无法自拔，不管什么时候都很颓废沮丧，甚至即使面对很多有助于成功的因素也总是提不起精神来，则一定会陷入负面状态，导致人生变得颓废沮丧，无法成功。尤其是在如今这个纷繁复杂的世界里，我们更是要控制好自身情绪，不要因为工作压力大，内心沮丧，生活艰难，就迁怒于生活；而应更加理性从容地面对人生，无所畏惧地经营好人生，这样我们的未来才会更加目标明确，更加无所畏惧。

要想控制好情绪，除了要及时消除负面情绪的不良影响，我们还要更加清楚地分析负面情绪的来源，也要知道引起负面情绪的根本原因。其实，情绪问题之所以泛滥，并不在于问题本身有多么严重，而在于很少有人会意识到情绪的重要性，更是极少有人能够做到积极主动地控制情绪。这样一来，情绪自然处于信马由缰的放纵状态，也导致我们的人生越来越困惑，越来越苦恼。从现在开始，努力控制情绪吧，因为你如果被情绪奴役，就会因为情绪走向毁灭。你只有成功地驾驭和控制情绪，才能成为人生的强者，才能真正地掌控和把握自己的未来。

静下来，才能身心俱佳

很多人都说，人生不是百米冲刺，而是马拉松长跑。的确，人生不是仅凭短暂的速度与激情就能获胜的，但是这并不意味着人生就要无限度地慢下来，变成悠闲地散步，或者是完全停滞下来。人生理所应当是马拉松，既要有速度与激情，又不能完全只追求速度与激情，还要兼顾耐力与可持续性发展的力量。唯有如此，人生才能到达遥远的目的地，获得成功。

当然，人人都想获得成功，都想出类拔萃、卓尔不群，然而，人生从来不会顺遂如意，很多时候，我们越是对于人生有太多的奢求和渴望，人生越是不让我们如意。所谓有心栽花花不开，无心插柳柳成荫，我们要耐下心来，真正保持沉静，这样才能进入更好的人生状态之中。

情绪对于人的影响力很强大，甚至会扰乱人的心绪，损害人的身体健康。曾经，有很多消化内科的医生对于病人的消化系统疾病反反复复发作感到困惑，这是因为他们忽略了一点——病人的精神因素很容易影响消化系统，也会导致消化系统的疾病久治不愈。为此，对于消化内科的医生来说，除了要关注病人的疾病本身，也要关注病人的情绪和情感状态，从而做到双管齐下治愈病人。

常言道，人要活得好，精神是主要因素。为此，自古以来人们就说笑一笑十年少，这就告诉我们愉悦的心情对于我们的情绪和情感状态影响很大。在如今的时代里，很多人都处于亚健康状态，就是因为他们不知道如何调整好心情，也因为精神上压力山大而影响到自己的身体健康状态。其实，世界总是瞬息万变的，我们一定要笃定做自己，控制好自己的欲望，不要让自己陷入欲望之中无法自拔，也要控制好自己的心情，不要因为心情处于混乱焦躁的状态就使自己的内心始终感到崩溃和无奈。只有保持内心笃定，才能以不变应万变。

为了证明坏情绪对人的危害特别大，曾经有心理学家专家以猴子为实验对象，进行过专门的实验。他们把猴子的双腿捆绑在铜条上，然后通电。可想而知，猴子因此而触电，非常痛苦，所以自由的上肢会四处抓挠。这样做的次数多了，猴子无意间发现只要关掉旁边的开关，就可以停止痛苦。为此它形成了条件反射，总是关掉开关，避免痛苦。后来，专家又在笼子里设置了一盏红灯，每次给猴子通电之前，就先打开红灯，让红灯闪烁。次数多了，聪明的猴子知道只要红灯一亮，自己就会触电，就要关掉开关。它居然省略了中间的步骤，在红灯刚亮起时，马上就去关掉开关，从而避免自己感受痛苦。就这样，猴子对红灯也变得特别敏感。

后来，专家把这只对红灯形成条件反射的猴子和一只没有建立过任何条件反射的猴子放在同一只铁笼子里。这只铁笼子里是有红灯的，为此每次只要红灯亮起，建立了条件反射的猴子马上就会关掉开关，而另外一只猴子因为从来没有这样的经验，所以不知道红灯代表着危险和痛苦，因而仍旧自顾自地玩乐着，丝毫也没有因此感到紧张焦虑。每一天，专家都会把这两只猴子放在同一个笼子里至少6个小时，接近于人每天工作的时间。才过去一个多月，每天忙于关掉开关的猴子就死了，而另外一只猴子每天玩得不亦乐乎，心情很好，活得很快乐。

医学专家对死去的猴子进行了解剖研究，发现死掉的猴子患有严重的消化道溃疡。而在正式进行实验之前，医学专家曾经检查过猴子的身体，认为猴子非常健康。猴子为何会在短短的一个月时间里患上消化道溃疡呢？每天和它同吃同住的另一只猴子，为何还活得好好的呢？究其原因，就在于死去的猴子建立了条件反射，每当看到红灯亮起的时候就会非常紧张，就会忙不迭关掉红灯。这与人类在工作中的表现很像，人类必须非常努力地工作，也要每时每刻都提防自己犯错误。由此可见，人的很多疾病都不是平白无故获得的，而有可能源于心理和情绪因素。

实际上，坏情绪不但会影响人的心情，更是会影响人的身体，使人的健康状态恶化。因此，不要对于坏情绪不以为然，不要总是觉得情绪无关紧要，当然，也不要情绪一出现就非常紧张和无奈，而应有的放矢地面对人生，全力以赴地做好自己该做的事情，这样才能在情绪发生的时候更加笃定，做到从容不迫。

人生固然需要喧哗热闹，但也需要淡定从容，唯有全力以赴地做好自己该做的事情，唯有真正笃定地坚持自己的内心，我们才能以不变应付万变，才能以无为应对人生。现实生活中，不如意是常态，人生从来不会一帆风顺。因此，不要因为各种各样的小错误而迷失自己，否则就是用别人的错误惩罚自己。即使遇到大的波折和坎坷，或者是遭遇磨难，也不要因此而妄自菲薄。天无绝人之路，任何问题都自有解决的办法。只要心中怀着希望，只要永不放弃，只要保持笃定和安静，我们就可以让自己如同一个生态系统一样维持平衡，保持最佳的状态。记住，情绪问题无小事，如今社会上很多极端的恶性事件就是由情绪问题导致的，因此不管是对于自己的情绪问题，还是对于他人的情绪问题，我们都要更加慎重对待，也要及时恰当地处理好。

有脾气，没福气

谁还没有点儿脾气呢？每当某个人怒火中烧的时候，身边总是有人这么说，似乎是为了替发脾气的人开脱，也似乎是为了劝慰自己。的确，人人都有脾气，发脾气固然是每个人的权利和自由，但是脾气来了，福气没了，也是每个人必须理性面对的现实。不要发了脾气之后看到别人对自己爱搭不理还感到纳闷，要知道在这个世界上除了父母可以无限度包容小时候的你之外，没有任何人会和父母一样包容你。退一步而言，当你长大成人后，即使是父母也不会这样包容你的糟糕脾气。所以说，有脾气，没福气，这其实是很有道理的。

常言道，人生不如意十之八九。在现实生活中，没有谁的人生会是完全顺遂如意的，每个人在生命历程中也不会只有平坦的大路，没有崎岖的小道。我们一定要摆正心态，从容不迫地面对人生，这样才能在生命之中有更好的成长和未来。倘若遇到小小的不如意就马上歇斯底里，那么，对于生活的幸福和满足感就会因此而被毁灭，根本无法延续下去。

现代社会，人际关系被提升到前所未有的高度，一个人即使能力再强，也不可能通过单打独斗成为时代的英雄。每个人都是社会的一员，为此，也要融入团队之中，这样才能与团队成员齐心协力有更好的分工合作，才能全力以赴把该做的事情做好，这是最重要的。如果面对人生总是不知所措，因为小小的情绪波澜就令自己和他人同时陷入各种糟糕的负面情绪，那么结果一定会让人大失所望，也会让人无力承受。不管是朋友，还是同事，甚至是家人，都无法长久容忍一个脾气反复无常的人。这样的人不但幼稚，不够成熟，而且很容易情绪失控，就像一个炸药包一样埋伏在生活之中，不知道什么时候就会把自己和他人炸得人仰马翻。

大学毕业后，小朱就进入现在这家广告公司工作。虽然他学习能力很强，在工作的这几年里也积累了宝贵的经验，但是这次公司从内部选拔人才，并没有小朱什么事情。这是为什么呢？原来，小朱脾气耿直，说起话来总是不知道拐弯抹角，更别说委婉了，为此在工作过程中无形中就得罪了同事和上级，就连他曾经服务过的很多客户也总是说他脾气不好。眼看着很多比自己后来的人都已经获得了晋升的机会，小朱心里很不是滋味，为此决定跳槽。

才在网络上发出求职信没多久，小朱就被一个猎头看中，猎头向小朱抛出了橄榄枝，并且承诺会把小朱推荐到一家大公司工作。小朱把自己的履历给了猎头，猎头和目标公司进行初步对接和交洽之后，工作几乎是板上钉钉的事情，只差一步面试。遗憾的是，面试这一天，小朱因为交通拥堵而迟到，等到赶到目标公司楼下的大堂时，小朱因为急急忙忙，居然和一个中年男士撞到一起。以前，小朱都很讲礼貌，这个时候，小朱因为心急，又看到对方的咖啡都洒在自己的身上，忍不住怒不可遏地喊道："哎呀，你怎么拿着咖啡还不小心呢！你这样子，让我怎么参加面试，简直不可理喻！"其实，中年男士原本是准备向小朱道歉的，但是看着小朱火冒三丈的样子，中年男士很不高兴，为此冷漠地对小朱说："先生，是你火急火燎撞到我的好吧，白白浪费我一杯星巴克咖啡。"小朱为此更生气了，对着中年男士就爆发情绪，说起话来甚至带着脏字。这个时候，有个围观的女士听说小朱是来参加九点场面试的，便问小朱："请问，你是去哪个公司面试的？"小朱说出公司的名字，女士对小朱说："你不用上去面试了，我就是面试官，我不想聘用一个脾气这么失控的人。"

小朱得知这位女士就是面试官，赶紧向女士解释自己的苦衷，说自己本来就要迟到了，电梯又超员，而且衣服又被咖啡弄脏。女士笑起来："这些情况比起工作中的艰难都是小case，如果你面对这些情况就大发雷霆，我不敢保证你以后在工作中能够始终保持情绪平静和理智。当然，作为你的上司，我也不想看到你发怒时难看的样子。"小朱被女士说得无地自容，赶紧灰溜溜地离开了。

负责人力资源管理工作的女士说得很对，没有任何一家公司愿意要脾气比能力更强的员工，否则未来在工作过程中，还不知道有多少矛盾和纠纷需要解决，又有多少难题会因为无法控制的脾气而搁浅呢！

我们当然不愿意和脾气总是失控的人打交道，同样的道理，我们也不愿意和坏脾气的人打交道。既然如此，我们自身也要有更好的成长，也要合理控制好自己的脾气和情绪，这样才能够保证自己保持平静和理性。生活就像是一条道路，每个人都是这条道路上高速行驶的汽车。要想让汽车按照一定的顺序向前行驶，避免彼此发生碰撞，我们就要遵守规矩，始终牢牢把握着方向盘。写到这里，我突然想起重庆公交车坠江事件。整个车辆彻底沉入江底，有些逝者的尸体迄今为止仍没有找到。不得不说，人的生命是很脆弱的，脆弱到在面对激烈的情绪时就如同蚂蚁一般渺小。事件发生之后举国震惊，很多人都在讨论到底是女乘客的错还是公交车司机的错，抑或是作为看客的其他乘客没有发声制止也是错呢？不得不说，在人多的场合里发生恶性事件，当看客们都陷入群体性沉默的时候，就会集体噤声。而就事情本身来说，如果女乘客在发现坐过站之后只是抱怨几句，而没有和司机发生冲突，更没有对司机大打出手；如果司机在被女乘客攻击之后能够保持理性，知道自己掌握着一车人的性命，没有轻易地松开方向盘——只要这两个如果之中有一个如果变成现实，那么悲剧就不会发生。

对于公交车公司而言，除了要提升驾驶员的驾驶技能之外，也要注重对驾驶员进行心理建设，遇到那些蛮不讲理、唯我独尊的乘客的确让人很生气，但是，驾驶员要修炼好自己的内心，让自己能够主宰和驾驭情绪，从而避免被愤怒冲昏头脑，做出失控的事情。

老司机都知道“宁停三分，不抢一秒”的道理，实际上，不管发生什么问题，一味地爆发情绪都没有好处。我们真正应该做的是控制好自己，让自己恢复情绪平静，保持理智，这样才能够三思而后行。有的时候，当情绪歇斯底里、即将爆发时，我们哪怕只是等几分钟的时间，也能够变得更加理性，而不至于被情绪冲昏头脑。

既然不能改变，就要坦然接受

这个世界是唯物主义的，而不是唯心主义的，因此很多时候我们无法改变客观存在的一切，但是，我们可以改变和调整自己的心情。这样一来，我们就不会盲目地与客观世界较劲，更不会与自己较劲，而是会坦然接受命运赐予的一切，让自己的内心淡定平和、笃定安然。

人生从来不会顺遂如意，所谓的万事如意，实际上只是一种美好的祝福而已。在现实生活中，每个人都会遭遇生活的坎坷挫折与磨难，也会因此情绪起伏不定。但是作为一个内心成熟、心境平和的人，我们必须调整好心态，坦然接受一切的不幸，这才是最重要的，才是面对人生的合理之道。很多人误以为真正的人生强者是那些有强大能力、内心刚强的人，实际上真正的强者是能够驾驭自身的情绪、合理掌控自己的人。任何时候，都不要对于人生有太多的奢望和苛求。人生除了需要我们像斗士一样去拼搏和努力之外，也需要我们随遇而安，能够坦然做好很多事情。正如人们常说的，你不能改变天气，就要改变心情。你可以在阳光明媚的日子里去爬山，在阴雨连绵的日子里就留在家里，听音乐、看书，或者喝一杯咖啡，都是很好的选择。总而言之，不要总是抱怨天气，更不要总是愤愤不平地面对人生。

细心的朋友会发现，在生命的历程中，有的人生活得非常从容豁达，而有的人面对生活常常会陷入各种无奈的境况中，甚至非常痛苦纠结，无法让自己开怀和释然。难道前者是因为得到了命运的青睐，所以始终更顺遂，而后者则是被命运亏待，为此总是要面临各种尴尬的情况吗？当然不是。前者之所以生活得快乐，是因为他们很清楚物随心转的道理，因此他们接受那些不能接受的，改变那些可以改变的，对人生怀着尽人事，知天命的态度，尽管努力拼搏，却从来不是非要怎样才行。他们就像孟非的那本书一样，常常在生命历程中“随遇而安”，这样一来，当然会生存得更好，也会感受到生命更多的幸福、满足和快乐。而后者呢，他们始终都在与自己较劲，当然，他们无法意识到是在与自己较劲，而是误以为自己在改变世界。不得不说，这样的人生状态和生命态度，常常会让人陷入无穷无尽的烦恼之中，也常常会使人被情绪驾驭和奴役。

曾经有专门的机构针对职场中的人进行调查，最终结果显示，参与调查的人之中有至少七成人曾经在办公的场所里情绪濒临失控，他们或者想摔东西，或者想要争吵一番、大闹一场。当然，他们之中的大多数人控制住了自己的情绪，而有少数人没有控制住自己的情绪，由此惹来了大麻烦，或者与同事的关系变得很尴尬，无法继续相处，甚至有情节严重者因此失去了工作。不得不说，这样的状态常常是让人抓狂的，也是使职场人士压力山大的重要因素之一。

心若改变，世界就会改变，这是因为每个人眼中所看到的世界都是客观存在的一切在自己心中的投射。如果总是因为各种事情而郁郁寡欢，也不能合理有效地调整好心态接纳和悦纳一切，渐渐地我们就会迷失在人生的道路上，也会因为各种乱七八糟的事情而扰乱自己的心。

才新婚不久，小张就接到任务要去外地出差，而且一走就是一个月。按照以往的脾气，小张一定会当即去找领导要求撤销任务，因为他还在蜜月期呢！但是，这一次他没有这么做，而是很服从命令，去外地出差。这是为什么呢？原来，小张有一个好妻子，能够帮助他调整心情，平复心绪。

在接到任务的时候，小张正在家里度周末，妻子在厨房的炉灶上熬着一锅汤，而小张就在整个房间里弥漫的排骨香气中期待着美味。得知要出差，小张不由得惊呼一声，妻子闻声赶到小张身边，关切地问：“你怎么了？”小张沮丧地把邮件给妻子看，妻子不由得笑起来说：“你要出差啊，我们还没有度完蜜月呢！”小张狠狠地说：“是啊，不知道是哪个脑残不长眼睛的，不知道我正在度蜜月吗，居然安排我出差！”妻子又笑起来，说：“说不定还是领导器重你，特意把这个艰巨的任务交给你的呢！”小张说：“但是，我不想让你在蜜月期间就独守空房。”妻子笑起来，说：“怎么会呢，我还有小猫咪陪伴啊，而且我们每天都可以视频、打电话、发语音。你想啊，我们自从恋爱就在一起，从未分开过，还没品尝过相思之苦呢！这样一来，你就去忙工作，咱们都借着机会想念对方，这不是加深感情的好方式吗？如果你特别特别想我，还可以给我写信，我认为一个月的时间足够我们写信和回信的，这一定很浪漫。”在妻子的劝说下，小张才渐渐恢复平静，也和妻子一样认为这样的分离也许不是坏事情，反而是好事情！

同样是出差，小张看到的是消极悲观的一面，他不想还没有度完蜜月就和妻子分开。但是妻子看到的却是积极的一面，还想借此机会和小张感受对彼此的思念呢！不得不说，妻子是很宽容的，也是很善解人意的，所以才能以这样的说辞劝说小张接受出差的任务，也避免和领导发生冲突，导致职业发展不顺利。

在军营里，每一个军人都知道，军人的天职就是服从命令。其实，在如今的职场上，上下级之间也是需要相互理解的，尤其是下级，在接受到上级的命令之后，要无条件执行，并且做到最好。因此，人在职场，一定要学会接受工作上的安排，更要调整好心态，这样才能全力以赴做最好的自己，发挥自己的能力，实现自己的人生理想和志向。对于那些不能改变的，我们一定要先从改变自己开始，让自己能够接受和坦然面对，这样一来，改变也就会随之到来，解决问题的契机也就会出现。总而言之，任何时候，抱怨都不能解决问题，只有全力以赴做好该做的事情，只有更加积极主动地面对人生，我们才能在成长的道路上不断地前行、持续地进步。

保持平常心

平常心，说起来就是简简单单的三个字，但是真正想要做到，让自己不管面对什么事情都能够保持淡然的心态，且可以宽容地接受，却是很难的。尤其是在如今的时代里，每个人都在面对各种各样的诱惑，诸如金钱名利、美食美色、荣誉地位等，都会对人产生强大的吸引力。尤其是随着物质的极大丰富和发展，很多人都有着很多的欲望，希望自己能够拥有更多的东西。不得不说，当陷入欲望的深渊时，人生就像被黑洞裹挟，再想逃脱就会很难。人的欲望是无底洞，还记得《渔夫和金鱼》的故事吗？一开始，渔夫可以从金鱼那里要到很多的东西，原本一贫如洗的他们也的确觉得很满足，但是随着欲望越来越膨胀，他们对于金鱼的要求越来越多，最终，一切美好的东西都像是泡沫，被他们无穷无尽的欲望吹破，转瞬之间，渔夫回到家里，老太婆依然在守着破旧的茅草屋织网呢！除了这个故事之外，在《下金蛋的鹅》中，主人公也是因为想要一下子得到很多金蛋，所以把鹅杀死了。其实，如果他不这么贪婪，就可以每天都从鹅那里得到一个金蛋，这才是最好的选择。

由此可以看出，欲望是人生的无底洞，也是人生的黑洞，面对无休止的欲望，我们一定要更加理性地认识和控制自己，这样才能成为欲望的主人，避免被欲望驱使和奴役。面对生活的时候，我们还要知道自己真正想要的是什么，这样才能奔向人生的目标，而不至于偏离。所谓不忘初心，方得始终，说的就是这个道理。

很久以前，有个老和尚和小和尚一起去化缘。小和尚第一次下山，看到什么都觉得新鲜，因此跟在老和尚身后问个不停。他们走着走着，来到了热闹的集市上，有个农民正在卖菜，而且扬言不用秤称菜，只要用手抓，就可以很准。小和尚很惊讶，问老和尚：“师父，师父，他真的这么神吗？”老和尚笑起来，说：“他本来可以这么神，但是我能让他不神。”

听了老和尚的话，小和尚更加奇怪了，对师父说："师父，你要怎么做到？"

老和尚一言不发，走过去对农民说："施主，我买一斤青菜，如果你能抓得准，我可以付给你十斤青菜的价钱！"一听说可以得到十斤青菜的价钱，农民很激动，当即说："好的，好的，你等着。"然而，和之前给人家抓菜都是毫不迟疑地一把抓不同，这次，农民接连好几次想要下手去抓，却又都迟疑了。到最后，他终于下定决心去抓菜，结果抓得有些太多了，足足超出来二两多。围观的人们都窃窃私语，不知道农民这是怎么了，小和尚也问老和尚："师父，你是对这位施主施展法力了吗？"老和尚忍不住笑起来："没有啊，我只是动了他的利益之心而已。"

在这个事例中，原本可以一把抓的农民，听到老和尚说要给他十倍的价钱之后，为何马上就不能一把抓，而且斟酌再三才抓仍抓错了呢？就是因为他原本一把抓只是为了卖出去青菜，而现在给老和尚一把抓则有可能得到很大的额外奖励。一想到自己只需要付出一斤青菜就可以得到十倍的金钱回报，农民就觉得激动不安，所以根本不可能成功地一把抓。

如今的社会总是很喧嚣吵杂，因此我们一定要先树立自己的梦想，确立人生的方向，这样才能在成长的过程中不忘初心，砥砺前行。否则，如果我们总是在奔向人生目标的过程中不知不觉间就偏离了既定的轨道，一不小心就迷失了自己的本心，那么我们的未来一定会因为三心二意而无法取得良好的成长与发展。在人生的道路上，我们一定要更加努力地前行，如此才能无所畏惧、勇往直前，才能最终实现自己的远大目标。很多时候，我们都会羡慕他人的成功，也揣测他人一定是因为拥有好运气，所以才能得到命运的青睐，才能让自己更加成功。殊不知，这样的好运气根本不存在，他人的天赋也未必很高。他们之所以能够在人生的道路上有所成就，就是因为他们足够坚持，怀着平常心面对人生的各种诱惑。曾经有一位芭蕾舞演员特别热爱自己的事业，身材保持得纤细苗条。在一次成功演出之后，有记者来采访她，问她最喜欢吃什么，她的回答简直让人惊讶："冰淇淋。"冰淇淋可是随处可得的美味，怎么值得这样一位舞蹈家心心念念呢？看着记者疑惑的眼神，舞蹈家说："我已经有20年的时间没有吃过冰淇淋了，所以在我的心中，冰淇淋就是最美味的食物。"为了挚爱的舞蹈事业，一个人在20年的时间里对自己很想吃的、随处可见的冰淇淋视而不见，内心深处尽管渴望，却从来不会吃一口，这就是对于欲望的掌控和对于人生的主宰。

古今中外，那些伟大的成功人士也许没有独特的天赋，也许没有超强的能力，更没有让人羡慕的好运气，但是他们一定非常顽强有毅力，且能够成为自己的主宰，控制好自己。我们无法成为拯救世界的人，但是我们要成为拯救自己的人，这样才能内心笃定，始终都坚定从容地面对人生，不因为各种客观存在的外物而迷失内心。平常心让我们拥有平静的人生，也让我们可以笃定做自己想做的事情，守着自己的人生花开。

第 9 章

先做好自己，才有机会去完成理想的课题

做自己，是这个世界上最简单也是最困难的事情。简单，是因为做自己可以随心所欲，无须在意他人的眼光，也不用管他人怎么看、怎么想、怎么说。最困难，是因为很多人对于自己想要拥有怎样的人生和未来并不清楚。试问，如果一个人连自己想去哪里都不知道，那么他如何能够奔到目的地呢？因此，我们要先做好自己，才能无限接近自己的理想。

学会忍耐，人生无敌

常言道，忍字头上一把刀，因此很多人都不愿意忍耐，更不愿意为了迁就别人而委屈了自己。正是在这样的心态影响下，很多人都争锋相对，谁也不愿意退后一步，谁也不愿意为了让别人而使自己委屈分毫。尤其是那些在成长过程中习惯了以自我为中心的人，他们更是会情不自禁地从自己的立场出发思考问题，而根本没有想到别人换了一个立场也许就会有截然不同的选择和方向。

现代社会，人人都知道人际关系至关重要，也都想拥有好人缘，让自己人脉资源丰富，却很少有人知道如何才能与他人相处好。人与人之间相处，最重要的是彼此信任，如果我们不能与他人相互信任，也无法做到与他人友好地相处，渐渐地就会感受到孤独。其实，人与人之间的关系就像是刺猬与刺猬之间的关系一样，远了不行，近了也不行。在寒冷的季节里，刺猬们依偎在一起取暖，若不小心离得近了，马上就会被其他刺猬扎伤，感受到疼痛，因此它们会远远地分开。而分开一段时间之后，它们又感到非常寒冷，因此再次依偎到一起。如此反复尝试的次数多了，刺猬们就找到了一个门道，即彼此之间既不能离得太近，也不能分得太远。离得太近是彼此伤害，分得太远又会感到非常寒冷。最终，它们维持在一个适度的范围，既可以彼此依偎着取暖，又不至于被其他刺猬身上的刺扎伤。这样一来，刺猬们当然可以更加友好地相处，也可以保持最适度的距离。

人与人之间相处也是如此。每个人都是这个世界上独立的生命个体，每个人都棱角分明，有自己的脾气秉性。一味地沉浸在自己的世界里，会导致与外部世界隔离，唯有更好地融入周围的世界，我们才能把自己的力量与他人的力量结合起来，才能让自己全力以赴做到最好。

很多人都是情绪的奴隶，被情绪奴役着作出很多人生的选择。其实，心理学家经过研究发现，大多数人在成长的道路上总是一味地向前，无所畏惧地前行，因此他们难免会感到内心惶恐。真正的人生强者，未必有着天下第一的强大力量，但是他们一定能够战胜自己。很多细心的朋友会发现，人在非常生气、大发雷霆之后，往往会感到后悔。这是因为他们意识到自己在情绪冲动状态下的爆发，不但伤害了自己，也伤害了别人，所以在交往中必输无疑。

人生从来不是顺遂如意的，很多人都会遭遇不如意，也会承受伤害。在这种情况下，要牢记进一步万丈危崖，退一步海阔天空的道理，这样才能在紧急时刻控制好自己的情绪，让自己的内心更加笃定从容、临危不惧。

忍，绝不像大多数人所想的那样是委屈和窝囊的代名词，而是一种博大的胸怀，是一种长远的眼光，也是一种对于人生的深刻领悟。在人际关系中，在生活和工作中的关键时刻，忍还是一种智慧，可以成就自己和他人。记住，生命从来没有回头路可以走，很多事情一旦做完，就没有回旋和选择的余地。所以不要把忍当成胆怯时的糟糕表现，而要在必要的时候表现出宽容和忍耐，也在合适的时机以忍耐成全自己。忍得一时之气，可以风平浪静，如果突然爆发，不能忍耐，也许就会导致人生陷入各种被动的状态，无法自拔。

现实生活中，还有很多时候需要的不是忍耐，而是要我们在与他人相处的过程中柔软谦和。很多人总是锋芒毕露，对于任何事情都坚持自己的看法，固执己见，坚决不愿意接受别人的观点。所谓百家争鸣，就是说对于每件事情每个人都可以有自己的想法与看法，所以，我们又何必强求大家都和我们一致呢？明智的朋友知道有差异才有美，有争执才能不断地进步，彼此交流和学习，为此他们会怀着积极的态度去争辩，目的是求大同存小异。而有些人则会怀着消极的态度恨不得立即与那些意见不同的人吵起来，甚至是打起来，目的就是逼着他们同意自己的观念。不得不说，后者的想法和行为都是非常糟糕的。

忍，让我们在这个喧嚣的世界里更加静下心来看待自己，让我们在人生迷惘的时刻可以拨开云雾见到阳光，让我们在面对人生无奈的时候始终都能打开心扉，接纳这个世界，也悦纳自己。总而言之，忍字头上一把刀，忍耐对于每个人而言始终都是无奈的，也是无法逃避的。既然如此，我们就要学会忍耐，把被动忍耐变成主动忍耐，并在忍耐的过程中磨炼自己的心性和意志力，从而让自己更加努力地成长，无所畏惧地面对一切。

人生没有再来一次的机会

面对人生，很多人都喜欢说如果：如果我当初能够更加努力，考上名牌大学就好了；如果我没有那么冲动地辞掉工作，而是继续认真工作，也许现在我就是副总；如果我没有和婆婆吵架，婆婆就不会离家出走；如果我不曾逼孩子那么紧，孩子就不会做出这样极端的事情；如果当初我没有外出打工，而是陪伴在孩子身边，教育孩子，孩子就不会锒铛入狱……人生中有太多的如果，只可惜如果只能让人短暂地幻想一下，而不能让人真的从时光穿梭机回到过去，改变那些自己做得不好的事情。

从严格意义上而言，人生从来没有再来一次的机会，我们必须非常努力认真地去做，才能全力以赴做到最好。这是因为时光从来不会倒流，人生也没有预演和排练。如果说人生是一场大戏，那么在人生中上演的每一出小小的戏，都是真枪实弹上演，绝无反悔的可能。所以从现在开始，再也不要说，“当初我如果……就……”对于人生而言，会有很多的反省机会，也会有很多的未来值得期许。我们必须更加全力以赴地经营好人生，必须更加积极主动地面对人生的各种困境，更重要的是在人生中的每一个时刻都全力以赴，努力拼搏，做到最好，这样我们的人生才能无怨无悔，勇往直前。

很多人面对人生时常常会觉得委屈，这是因为他们自以为在人生中付出了很多却没有得到收获。这样的人对于人生总是感到遗憾，这种遗憾来自他们的内心深处，也是无法弥补的。毕竟光阴易逝，如同白驹过隙，对于已经逝去的人生，无论我们多么努力，都不可能再次精彩绽放。

现实生活中，很多人面对人生总是怨声载道。他们觉得自己被命运捉弄，被人生亏欠，因此当面对人生时总是惶惑不安、内心幽怨。实际上，人生没有回头路可以走，如果对于已经发生的一切始终耿耿于怀，最终一定会失去今天，也失去明天。

大学毕业五年，艾米一直都很不如意。她在高考中发挥失常，没有如愿以偿地考入名牌大学，而是进入一所师范院校。后来，从师范院校毕业，因为不想回到家乡当老师，不想把自己一辈子都囚禁在三尺讲台上，她选择离开家，去南方打拼。然而，因为学历不过硬，艾米只找到一份前台文秘的工作。其实在找工作接连碰壁之后，艾米原本是有计划一边工作一边学习、争取考上研究生的。然而，从工作第一天开始，艾米就放弃了这个计划，她不是和同事们出去喝酒，就是和同事们出去唱歌。即使偶尔有时间，也是在电脑上刷剧，梦想着自己有朝一日也和年轻漂亮的女主角一样钓到金龟婿，这样就再也不担心下半辈子的幸福了。

就这样，时间过去了五年，艾米还是一个小小的文秘，有几个比她晚进公司两年多的同事，都已经升任部门主管了，唯独她还停留在原地，不停地徘徊着。常言道，商场得意，情场失意，那么反过来是否也适用呢，即职场失意，情场得意？让艾米百思不得其解的是，她不但职场失意，情场也始终失意。为此，她常常被生活逼着往前走，根本不知道自己的人生应该如何度过，自己的未来又将会呈现出何种样子。眼看着就要三十了，还是个小文秘的艾米感到很迷惘，看着人生的未来，她觉得眼前弥漫着浓雾，连方向都没有。

在这个事例中，艾米再蹉跎下去，就会错过最宝贵的青春年华。尽管人们常说，人生何时开始都不算晚，而实际上，对于每个人而言，青春年华是最宝贵的。在这个阶段，不但学习能力很强，而且时间充足，精力旺盛，因为还没有成家，可以把更多的精力都投注在工作上。所以很多人都说，青春时期是为整个人生打基础的关键时期，如果一个人在年轻的时候没有为自己打下一片江山，那么随着年华流逝，越来越老迈，再想去和年轻人竞争几乎不可能。

要想在人生中有更好的成长和发展，我们还需要注意的是，一定要把握住机遇。在人生的道路上，人人都渴望得到机会，因为在抓住好机会的情况下，努力往往能事半功倍。反之，如果不能抓住好机会，那么，一味地努力也未必能取得很好的结果。因此，我们一定要更加全力以赴地经营好人生，也要有的放矢地在人生过程中表现和成就自己，这样才能让自己更加有成就，拥有美好的未来。

当然，越是好的机遇越是容易转瞬即逝。有的时候，只是眨眼的时间，机遇就已经不复存在了。因此，要想抓住机遇，我们还要有巨大的勇气和强大的决断能力。很多人都曾经看过电视剧《亮剑》。在这部电视剧中，李幼斌扮演的李云龙无疑是很擅长带兵打仗的，而他最大的特点在于勇敢无畏，火速抓住机遇。正因为如此，对于敌人他总是能够予出其不意、攻其不备，最终取得胜利，把小鬼子打得落花流水。要想抓住机遇，并非一件容易的事情，只有速度，而不能识别自己正在面临的是真的机遇还是伪装的机遇，也是没有用处的。

要想在人生中出类拔萃，我们还必须练就火眼金睛，既要知道自己想要怎样的人生，达到怎样的巅峰，也要知道自己如何做才能快速抓住机遇，绝不让机遇悄然溜走。无论如何，我们都要记住，时光从来不会倒流，人生也绝对不可重来。我们一定要争取一步到位，活出精彩！

不要因为任何原因而自暴自弃

现实生活中，人人都渴望拥有精彩充实的人生，都希望自己能够战胜人生的困厄，获得长足的进步和发展。然而，理想中的人生从来不是轻而易举就能获得的，每个人要想在人生之中努力成长，就必须杜绝找借口、找理由，这样才能逼着自己努力做到最好，必须在任何情况下都争取得到最好的结果，这才是让人生绚烂精彩绽放的唯一途径。

曾经有一位名人说过，所谓成功，就是比失败更多一次尝试。遗憾的是，太多的人都无法承受起失败的打击，他们一旦面对小小的挫折或者磨难，只要没有一蹴而就地获得成功，就会感到非常委屈和怯懦，也会因此让自己陷入被动的情绪状态中无法自拔。实际上，任何原因都不能成为我们自暴自弃的理由和借口。若一个人因为惧怕失败而故步自封，不愿意更进一步去努力和尝试，那么他也就连成功的机会都彻底失去了。

有一家报刊突发奇想，为了调动起读者积极参与的热情，居然在报纸上公开征求一个答案。问题是：你最讨厌哪种人？一开始，相应板块的负责人误以为大家一定都很讨厌不讲究诚信的人，没想到最终的结果经过统计显示，大家最讨厌的人是那些喜欢找借口的人。喜欢找借口的人，往往缺乏诚信的品质，也没有责任心，不管是说什么事情还是做什么事情，哪怕明知道自己已经犯了错误，他们也会故意找借口逃避责任。这样的做法常常会让那些蒙受损失的人感到特别糟糕，因为他们作为受到损害的一方，没有第一时间得到真诚的道歉，反而只能眼睁睁地看着对方推脱责任。因此，当做错事情的时候，不要再为自己辩解，什么都不说，真诚地道歉，才是最重要的。

在职场上，遇到事情找借口、找理由，就是不愿意承担责任，也是一种很糟糕的习惯。若一个人习惯于给自己找借口，往往意味着他的内心失去方向，惶恐不安，也意味着他的未来将变得充满迷雾。这种状态持续的时间久了，他还会放弃自我，把自己放逐到人生的荒原上，不思进取，也不愿意把握更多的机会勇敢前进。

和以往看到有人获得成功时的羡慕和钦佩不同，如今的人们看到有人获得成功，总是会说出各种各样的话来为自己的不成功开脱责任。例如，有人说比尔·盖茨的父母有了不起的背景，有人说“股神”巴菲特能得到小道消息。甚至就连身边的同学考上大学，都有人可以将原因归结为同学的父母都是小学老师。不得不说，这样的借口实在太可笑。难道，承认别人白手起家，对于你而言是不能承受的打击和损失吗？当然不是。你只是有些心虚，只是无法正视别人的成功，只是害怕自己比不上别人而已。你需要做的是激励自己努力进取，坚信自己一定会成功，哪怕有着很低的起点，也要有信心，也要坚韧不拔地做到更好。唯有如此，你的人生才有腾飞的可能，你的未来才能变得值得期待。

在这个世界上，潜规则的确偶尔存在，却不是无处不在。我们要改变自己的思维方式，不要一旦看到别人成功就以别人的潜规则作为自己的借口。要相信，在你的身边，有很多人都是白手起家打天下的，也经得起时间的考验。比尔·盖茨曾经说过，一个人如果总是为了自己的失败而找借口，那么他就是天底下地地道道的懦夫。借口是什么？借口是人们逃避梦想的托词，也是人们为自己的无能和胆怯掩饰的遮羞布。千万不要让找借口成为人生的坏习惯，否则我们就会在众多的借口中迷失方向。

对于善于找借口的人而言，生活中有太多的借口。例如，迟到了是因为手机闹钟失灵，或者因为路上遭遇堵车；工作没做好是因为最近感冒，身体微恙；与同事之间没有搞好关系，不是因为自己不善于与人相处，而是那些同事或者尖酸刻薄，或者小肚鸡肠，他们之中没有一个值得珍惜的人可以当作朋友；把孩子交给老人照管，是因为自己工作太忙，没有时间……这些形形色色的借口，让我们渐渐忘却初心，也让我们在成长的道路上迷失方向。

真正的人生强者从来不为失败找借口，他们非常勇敢，主动承担责任，也能够做到深刻反思自己。正因为如此，他们才能在成长的道路上不断地前行，持续地进步。有的时候，承担责任的确要付出沉重的代价，但是这不能成为我们逃避责任的理由。不经历无以成经验，不能全力以赴承担起人生的重担，不能让自己成为人生的脊梁，我们就没有资格对人生指手画脚。没有付出，就没有回报；没有承担，就没有托付。如果你想成为人生的懦夫，那么你当然可以继续在人生的道路上逃避和畏缩。如果你想让自己未来的人生更加绚烂地绽放，那么就一定要努力做到最好，无所畏惧，让人生前行。

任何时候，人生都不应该自暴自弃，每个人只有激励自己不断地进步和成长，持续地努力和进取，才能守得云开见月明，才能无所畏惧，勇往直前。当习惯了没有借口的人生后，你会发现不管朝着哪个方向走，都是美好的未来，因为人生之路永远在我们的脚下展开。

人生需要义无反顾

在人生的道路上，你是否有过这样的经历，那就是常常会感到迷惘和困惑，不知道自己的人生到底应该怎么去做才会有更美好的未来。有些人对于自己从事的工作谈不上喜欢，如同守着鸡肋一般地坚持着，最终也没有做得多么好。有的人不但是对工作不喜欢，对于自己的整个人生都很不满意，但是他们又没有勇气当机立断去改变，只能这样坚持着，蒙混度日，当一天和尚撞一天钟。原本，他们以为是在欺骗生活，最终才发现自己一事无成，原来是在欺骗自己。

对于人生的感觉，每个人都是不同的。有的人觉得人生很漫长，有的人觉得人生很短暂。其实，不管觉得人生是漫长还是短暂，这都是人们富有个人色彩的感受。实际上，要想在人生中有更好的成就和发展，不管人生是长还是短，我们唯一能做的就是抓住当下的每一天，努力把人生的分分秒秒都活得很精彩。若是为了逝去的昨日而徒劳悲伤，若是为了还未到来的明日而忧愁焦虑，我们就会连把握在手中的今日也失去了。而在昨天、今天和明天这三天之中，今天恰恰起到最重要的承上启下作用，一旦失去今日，当今日变成昨日，仍会是虚空的，当明日变成今日，仍会是黯淡无光的。因此，活在当下，是每个人都应该做到的事情。人生那么长，又那么短，而且充满了反复无常，没有任何人知道自己的人生将会在何时戛然而止。曾经有人提出，为了让人生没有遗憾，应该把人生中的每一天都当成生命中的最后一天去过。不得不说，这样的态度也会让人感到非常沉重。其实，只要把每一天都过好，过得没有遗憾，就可以了。

刘东虽然在当年高三填报志愿的时候就被父母强迫报考金融专业，并且在学习上出类拔萃，但是他内心深处对于文字的喜爱从未减退过。大学期间，离开了父母，刘东一边努力学好本专业知识，一边在网络上写连载小说。有一段时间，刘东的小说连载获得了很多粉丝的支持，这让刘东感到很高兴，也对自己的文字发展很有信心。其实，早在那时刘东就下定决心以后要写剧本。

毕业后，刘东在爸爸战友的安排下，进入一家银行开始实习，因为在工作上的出色表现，刘东得以留在这家银行工作。一个偶然的机会，刘东接到了一个剧组的电话。原来，这个剧组的导演无意间在网络上看到刘东的小说，对刘东的小说很感兴趣，希望刘东能够尝试把小说改成剧本，给他看一看。的确，这正如很多人所说的，八字还没一撇呢，对方只是感兴趣而已。但是，生平第一次接到导演的电话，刘东还是很激动的。他挂断电话就开始学习改编剧本，整夜都没有睡觉，终于改好了剧本的第一个章节。然而，等到刘东把这个章节发给导演看的时候，导演提出了很多切实的指导意见，这也让刘东意识到自己还有很大的成长空间，也需要继续努力。接连改过十几次之后，刘东的第一章剧本终于通过了，接下来的日子里，刘东一边工作一边继续改写剧本，但是进度很慢。导演催促了刘东好几次，最终给刘东下达了最后通牒：“你能改好吗？要是改不好，我们就没有机会合作了。”刘东意识到这是个千载难逢的好机会，于是下定决心辞职。当然，他是瞒着父母这么做的。辞职之后的刘东可以全力以赴地创作，剧本的改写进度加快了很多。正在这时，父母得知了刘东辞职的消息，连夜赶到刘东所在的城市，质问刘东为何要辞职。刘东对妈妈说：“我就是想辞职，我就是想创作。我高考的时候就告诉你们，我以后是一定要从事文字工作的，希望你们尊重我的选择。”说完，刘东还把自己改编的剧本给父母看。得知已经有导演看上了刘东的剧本，爸爸妈妈只好作罢。

如果刘东不能当机立断地辞职，那么，因为剧本进度缓慢，他也许真的会失去这个千载难逢的好机会。幸好，刘东对于自己想要怎样的人生有着清晰的目标和规划，所以他才能够在机会到来的时候抓住机会，才能在面对两难选择的时候作出果断的选择。

越是千载难逢的好机会，越是会悄然流逝。在生命的历程中，我们千万不要一味地停留和犹豫徘徊，而要不忘初心，牢记自己的人生目标，也要做到向着目标努力前进，即使遭遇坎坷和挫折也绝不放弃。记住，生命从来不会重来，只有不断地努力进取，只有全力以赴地前行，我们才能在人生的道路上有更好的进展，才能让人生在日积月累的过程中到达巅峰状态。如果你的人生之中没有义无反顾的精神，就不要抱怨命运亏待你，更不要抱怨你没有得到梦寐以求的收获。每一个人，要想在人生中拥有更加美好的未来，要想在人生的秋季收获丰硕的果实，就一定要义无反顾、勇往直前。

要想成为璀璨的珍珠，就要经历痛苦的忍耐

人人都想出类拔萃、卓尔不群，人人都想无所畏惧，成为人生的强者。然而，这一切并非想一想就可以做到的，更重要的是，如果你是沙子，要想变成珍珠，就要经历痛苦的忍耐。如果你没有与河蚌日复一日地纠缠，怎么可能让自己转身蜕变成为璀璨夺目的珍珠呢？由此可见，要想让自己变得足够好，我们就要让自己不断地努力前行，勇敢无畏地面对现状和未来，也要在遭遇挫折和磨难的时候一往无前，以自己的坚定不移和顽强不屈最终征服挫折与磨难，把自己送上人生的更高峰。

在这个时代，人人都想拥有辨识度，但是要想让自己从人

群中脱颖而出，没有真才实干是很难做到的。最重要的在于，我们还要全力以赴，还要不顾一切奔向成功，即使遭遇风雨泥泞，遭遇坎坷挫折，也绝不放弃，而是不忘初心，砥砺前行。很多人误以为成功者之所以能够获得成功是因为他们具有独特的天赋，得到命运的青睐，也是因为他们得道多助。实际上，成功者与失败者之间最大的区别就在于，成功者更富有顽强的精神，能够坚强和忍耐，而失败者在遭遇小小的挫折之后，就会迷失，就会放弃，就会沉沦。

正如一首歌里所唱的，不经历风雨怎能见彩虹，没有人能随随便便成功。人生之中从未有一蹴而就的成功，更没有天上掉馅饼的好事情，每个人要想获得成功，就必须坚持和努力，就必须能够战胜各种逆境，才能到达柳暗花明又一村的境界。否则如果总是迷惘，总是在人生之中不知所措，则会彻底迷失。人生是需要酝酿的，在各种条件都具备之后，还需要等到合适的时机，才能把各种条件黏合起来，获得长足的发展和进步。

很久以前，有两个人特别爱喝酒。喝酒喝得多了，他们也就越来越懂得品酒，因此想亲自酝酿出美味的酒。为此，他们向酒神祈祷，希望酒神能够赐予他们酿造好酒的配方，也让他们可以借着好酒名扬天下。也许是因为他们祈祷得很诚心，酒神现身给了他们酿酒的配方。

酒神告诉他们详细的配方后，他们便按照酒神说的去做。

此外，酒神告诉他们，酒坛封好之后，必须历经81天，而且要等到鸡叫三遍才能开启。他们严格按照酒神的配方去做，也耐心地等待着。好不容易熬到81天之后，第一个人等到鸡叫到第二遍，心想：每遍鸡叫之间只相差那么短的时间，酒的品质不会受影响的。因此，他把酿酒的容器打开，却发现酒缸里只是一些具有酸涩味道的水，看起来还很浑浊。第二个人虽然觉得每一遍鸡叫之间相隔的时间都很漫长，但是他始终牢记着酒神的话，不提前打开酒坛。虽然第二遍鸡叫之后，仿佛足足过了有一个世纪那么长的时间，才等来第三遍鸡叫，但是当他打开酒坛时，只闻到一阵扑鼻的异香，还看到了酒坛里清澈的酒水。

为何已经经历了81天的时间，而且等来了两遍鸡叫，而只差一遍鸡叫，酒就变成酸涩难喝的水呢？古人云，以五十步笑百步，原本的意思是说将士们在战场上逃跑，跑了五十步的人笑话跑了一百步的人跑得太快，而实际上他们不管跑多少步都是逃兵，谁也没有资格嘲笑谁。酿酒也是如此，既然需要经过81天，还要等来三遍鸡叫，那么，不管还差多长的时间，只要没到时候，酒水就不会好喝。第二个人耐心等待了漫长的时间，所以才能酿出一坛子美酒，散发出奇异的浓香。

成功何尝不像酿酒呢？在人生的道路上，没有人能随随便便成功，每个人都必须经历漫长的积累，也要经历由量变到质变的过程，才能取得质的飞跃，才能让自己如愿以偿获得成长，获得成就。由此可见，成功不仅需要天时地利人和，还需要耐心等待，更需要毅力去坚持。从砂子到珍珠，要经历漫长的时间；从丑小鸭到白天鹅，也需要经历蜕变。人生是漫长而又艰难的过程，我们每个人面对人生都要内心淡然，都要坚持不懈，这样才能从容不迫地成长，才能无所畏惧地迎接未来的到来。诸葛亮之所以能够神机妙算，于谈笑风生中获胜，除了因为他懂得天象之外，也因为他懂得等待时机到来。每一次创造奇迹时，诸葛亮都是很耐心地等到时间不多一分也不少一分的时刻进行，因此他才能成为那个头戴方巾、舌战群儒的诸葛亮，他才能成为那个神机妙算、草船借箭的诸葛亮，他才能成为刘备成就帝业、临死托孤的诸葛亮。

在这个世界上，沙子有很多，但是并非每一粒沙子都能变成珍珠。大多数沙子都被人踩在脚底下，只有极少数的沙子能在偶然的机会下进入河蚌的身体，在经历长久的黑暗和痛苦之后成为璀璨夺目的珍珠。在这个世界上，人也有很多，但是并非每一个人都能够出类拔萃，获得更多人的认可与赞赏。唯有全力以赴激发自己的力量，激发自己的潜能，成就最美好的自己，我们才能华丽蜕变，才能有的放矢地成就人生，让自己成为价值连城的珍珠。

参考文献

[1]汤木.将来的你，一定会感谢现在拼命的自己[M].南昌：江西教育出版社，2016.

[2]盒饭君.你只努力，剩下的交给时光[M].北京：台海出版社，2015.

[3]陈伟.你的努力，还配不上你的梦想[M].北京：台海出版社，2015.